U0183659

无机化学实验

主　编　宋　红　刘秀娟　何自强

华中科技大学出版社
中国·武汉

内 容 摘 要

本书为高等院校应用型化学人才培养丛书之一，适用于化学、生物、制药、食品、环境等相关专业。《无机化学实验》共分三个部分，内容包括：化学实验基础知识、无机化学实验内容、附录。本书详细介绍了相关理论知识，选取典型实验，方便教师和学生使用。

本书可作为无机化学实验的教材，也可作为化学相关专业综合实验设计、教学等参考资料，还可作为化学技术人员和生产管理人员的参考用书。

图书在版编目(CIP)数据

无机化学实验/宋红，刘秀娟，何自强主编. —武汉：华中科技大学出版社，2022.7
ISBN 978-7-5680-8400-0

Ⅰ. ①无… Ⅱ. ①宋… Ⅲ. ①无机化学-化学实验-高等学校-教材 Ⅳ. ①O61-33

中国版本图书馆 CIP 数据核字(2022)第 116859 号

无机化学实验　　宋　红　刘秀娟　何自强　主编
Wuji Huaxue Shiyan

策划编辑：汪　粲
责任编辑：余　涛　李　昊
封面设计：原色设计
责任校对：阮　敏
责任监印：周治超
出版发行：华中科技大学出版社(中国・武汉)　电话：(027)81321913
武汉市东湖新技术开发区华工科技园　邮编：430223
录　　排：华中科技大学惠友文印中心
印　　刷：武汉开心印印刷有限公司
开　　本：787mm×1092mm　1/16
印　　张：12.5
字　　数：243 千字
版　　次：2022 年 7 月第 1 版第 1 次印刷
定　　价：42.80 元

本书若有印装质量问题，请向出版社营销中心调换
全国免费服务热线：400-6679-118　竭诚为您服务
版权所有　侵权必究

前　言

无机化学实验是化学相关专业的一门重要的实践课程。该课程既是对无机化学课程理论知识的巩固和应用，又是后续专业课程学习的基础。

本书结合大学生化学竞赛、高校教学经验，并参考同类教材编写而成。

本书突出实用性，既注重理论性，又注重实践性、综合性，力求理论与实践相结合。本书重点介绍了基本操作实验、基本原理实验、元素化学实验、制备和设计实验，选取的实验现象明显、数据可靠、重现性好、试剂低毒易得，且课时适宜，方便高校教师和学生使用。

本书包括三大部分：第一部分为化学实验基本知识；第二部分为无机化学实验内容，包括基本操作实验、基本原理实验、元素化学实验、制备和设计实验；第三部分为附录，提供了部分相关的规范、标准、物性参数等。

本书由武汉生物工程学院宋红、刘秀娟、何自强担任主编。化学实验基础知识及附录由刘秀娟编写，无机化学实验内容由宋红、何自强编写。

本书可作为高等学校无机化学实验、分析化学实验、普通化学实验等课程的教材，亦可作为化学化工工作者和相关专业教师的参考资料。

由于时间仓促，编者学识水平有限、经验不足，书中难免存在不妥之处，恳请各位读者批评指正。

编　者

2022 年 6 月

目　录

第一部分　化学实验基础知识

无机化学实验是一门为化学及相关专业开设的独立设置的课程，与无机化学理论课程紧密相连。化学实验是化学学习中不可或缺的一部分，已有知识的验证、新理论的诞生都离不开实验。化学实验内容丰富、方法多样，需要综合性的实验技能。

一、无机化学实验的目的

无机化学实验是化学及相关专业学生所学的第一门化学实验课。学生通过该课程的系统学习从而获得以下专业知识和专业能力。

（1）通过实验使学生获得并掌握大量物质变化的第一手感性认识，深入理解和应用《无机化学》理论课程中的知识点，能够用理论知识解释实验现象，用实验结果验证理论知识。例如，通过缓冲溶液、电离平衡、水解平衡等实验，学生从中认识到缓冲溶液、弱酸弱碱等物质的性质等。

（2）通过实验使学生掌握实验的基本操作和基本技能，如玻璃仪器的清洗、干燥，溶液的配制、加热、冷却、结晶、重结晶等。

（3）通过实验掌握常用仪器的结构、原理及正确使用方法，如分析天平、电炉、烘箱、真空泵、可见分光光度计等。

（4）通过实验掌握重要化合物的制备及产率的计算，建立“量”的概念，学会用误差理论正确处理实验结果。

（5）通过观察实验，培养学生的分析并判断实验现象的能力，能正确记录和处理实验结果。处理实验结果时应具备逻辑推理、做出正确结论的能力。

（6）通过独立撰写实验报告能够正确运用化学语言进行科学表达，并且有主动学习、独立思考、分析问题、解决问题、实事求是的科学态度。

（7）通过实验引导学生确立正确的科学习惯和科学思维，培养学生良好创新意识和创新能力，提高学生的科学素质，并且使学生具有团队协作精神、开拓进取的创新意识等科学品德和科学精神。

二、实验室守则与安全规则

1. 化学实验室守则

（1）实验前必须做好预习，明确实验原理、步骤和注意事项，了解实验物品的特性，并拟定实验计划。

（2）遵守纪律，不迟到、不早退，不得无故旷课。在实验室内保持肃静，勿喧闹谈笑，禁止抽烟、饮食、听音乐等，不得做和实验无关的事，因旷课而未做的实验应该补做。

（3）实验过程中应仔细观察实验现象，及时记录实验现象和数据，不允许伪造原始数据，养成实事求是的科学态度和严谨的科学作风。

（4）实验过程中，随时保持实验台面和地面的清洁整齐，不得将固体、废液等倒入水槽，以免堵塞水槽或腐蚀下水道。实验室中的废弃物应按照规定放到指定的废物桶或废液缸中。

（5）实验药品试剂应整齐地摆放在一定的位置上，公用的仪器和试剂用完后应立即放回原处，发现试剂和仪器有问题时应及时向指导教师报告，以便及时处理，保证实验顺利进行。

（6）实验开始前，认领玻璃仪器和实验设备，如有破损或缺少，应向指导老师报告，并及时更换和补充。

（7）实验中要注意节约使用水、电、药品，爱护仪器设备。实验结束后，实验室内的一切物品不允许带离实验室。

（8）实验过程中应整齐穿戴实验服，保持良好形象，严禁披长发、穿背心、穿拖鞋进入实验室。

（9）严格遵守操作规程和安全规程，保证实验安全，防止事故的发生。

（10）实验结束后，整理实验台和实验用品，清洗好玻璃仪器，将使用过的仪器设备检查无误后关机，填写实验记录本。值日同学打扫实验室，关水电；教师检查无误后方可离开。

2. 实验室的安全规则

（1）熟悉实验水阀、电阀等位置。注意安全用电，不要用湿手、湿物接触电源，实验结束后应及时切断电源；实验过程如有异常，需第一时间切断水源和电源。

（2）加热或倾倒液体时，切勿俯视容器，以防溶液飞溅造成伤害。给试管加热时，试管口不得对着自己或他人，以免药品喷出伤人。采用烧杯加热、坩埚蒸发结晶时，实验人员不得随意离开，应随时观察，及时处理，避免暴沸或溶液溅出伤害他人。

（3）凡做有毒和有刺激性气体实验，应在通风橱内进行。

（4）取用药品要使用药匙等专用器具，不能直接用手拿取，过量的药品不能重新放入试剂瓶中。

（5）使用易燃的有机溶剂（酒精、乙醚、丙酮、苯等）时，要远离火源，用完及时盖紧瓶塞。

（6）钾、钠等金属不要与水接触或暴露在空气中，应保存在煤油内，并在煤油内对它们进行切割。白磷有剧毒，能灼伤皮肤，切勿与人体接触；白磷在空气中易自燃，应保存在水内，取用它们时必须用镊子。

（7）不允许将几种试剂或药品随意研磨或混合，以免发生爆炸、灼伤等事故。

（8）稀释浓酸（特别是浓硫酸），应把酸液慢慢注入水中，并不断搅拌，切不可将水注入，以免溅出或爆炸。取用浓酸、浓碱、溴等具有强腐蚀性试剂时，要戴乳胶手套，配备防护眼镜，切勿溅在衣服和皮肤上。

（9）使用玻璃仪器时，按操作规程，轻拿轻放，切勿暴力扭动，避免受伤。

三、测量误差与有效数字

1．化学测定中的误差

化学测量中总会出现测量值与真值不一致的现象，从而产生了误差，而误差的来源和表述是多样的，现介绍如下。

1）基本概念

（1）误差与偏差。

误差分为绝对误差和相对误差。

绝对误差是测量值（x）与真值（x_T）间的差值，用 E_a 表示。真值是客观存在的，但是绝对真值不可测。则有

$$E_a = x - x_T$$

相对误差是绝对误差占真值的百分比，用 E_r表示：

$$E_r = \frac{E_a}{x_T} \times 100\%$$

偏差是测量值（x）与平均值的差值，用 d 表示。则有

$$d = x - \overline{x}$$

$$\sum_{i=1}^{n} d_i = 0$$

偏差的种类较多，包括平均偏差、相对平均偏差、标准偏差、平均标准偏差等，计算方法如下。

平均偏差：

$$\overline{d} = \frac{\sum_{i=1}^{n} |x_i - \overline{x}|}{n}$$

相对平均偏差：

$$\overline{d_r}\% = \frac{\overline{d}}{\overline{x}} \times 100\% = \frac{\sum_{i=1}^{n} |x_i - \overline{x}|}{n\overline{x}} \times 100\%$$

标准偏差：

$$s = \sqrt{\frac{\sum_{i=1}^{n} (x_i - \overline{x})^2}{n-1}}$$

相对标准偏差：

$$s_r = \frac{s}{\overline{x}} \times 100\%$$

(2) 准确度与精密度。

准确度是分析结果与真实值的接近程度，其高低用误差的大小来衡量。

精密度是几次平行测定结果相互接近程度，其高低用偏差来衡量。

精密度是保证准确度的先决条件，精密度高不一定准确度高，两者的差别主要是由于系统误差的存在。

(3) 系统误差和随机误差。

系统误差也称可测误差，是由某些比较确定的原因引起的，对分析结果的影响比较稳定，在同一条件下，重复测定时，会重现。它影响准确度，但不影响精密度，且可以消除。系统误差产生的原因有多种，包括选择的方法不够完善引起的方法误差、仪器本身的缺陷导致的仪器误差、所用试剂有杂质导致的试剂误差、操作人员主观因素造成的主观误差等。系统误差可以消除，比如采用标准方法或对比实验可以消除方法误差。

随机误差是由某些难以预料的偶然因素引起，它对实验结果的影响不固定。由于随机误差的原因难以确定，似乎无规律性可循，但如果多次测量，可以发现随机误差遵从正态分布，即大小相近的正负误差出现机会相等，小误差出现的概率大，大误差出现的概率很小。因此，通过多次测量取平均值的方法可以减少随机误差对测量结果的影响。

在分析过程中，器皿不洁、加错试剂、错用样品、试样损失、仪器出现异常未被发现、读错数据、计算错误等不应有的错误造成的称为过失误差。出现过失误差需重新开始实验。过失误差无规律可循，但只要加强责任心，工作认真、仔细即可减少甚至避免。

2) 减小误差的方法

误差是客观存在的，了解误差产生的原因及其规律，减小测量过程中产生的误差。

(1) 消除系统误差。

对照试验——用已知含量的标准试样，按同样的方法进行测定，然后根据误差的大小进行判断。

加标回收试验——向试样中加入已知量的被测组分，进行对照试验，通过计算加入的被测组分的回收率，判断分析过程中是否存在系统误差。

空白试验——样品中不加入被测组分，以同样的方法、步骤和条件进行试验，所得结果即为空白值，从分析结果中扣除空白值后，得到比较可靠的分析结果。试验可以扣除由蒸馏水、试剂或器皿等带入杂质所造成的系统误差。

应尽量克服由于操作人员的"先入为主"等主观因素造成的系统误差。

(2) 增加平行测量的次数，减小随机误差。

随机误差是由偶然因素造成的，一般很难找出确定的原因。但在消除系统误差的前提下，随着平行测定的次数越多，平均值就越接近真值。所以，增加测量次数，可以提高平均值的精密度，从而减小随机误差。

(3) 减小测量误差。

为了保证测量结果的准确度，必须尽量减小测量误差。例如，同样一般分析天平的称量误差为±0.0001 g，为了使测量时的相对误差小于0.1%，直接称量时试样称量的质量必须在0.0001 g/0.001=0.1 g以上，减量法必须在0.0002 g/0.001=0.2 g以上。

(4) 避免过失误差。

过失误差可通过提高操作人员的责任心，规范操作训练予以避免。一旦出现过失误差需重新进行实验。

2. 有效数字

有效数字是分析工作中实际能测量到的数字，一般由全部的准确数字和最后一位(只能是一位)不确定数字构成，反映了测量的准确度。记录和报告的测定结果应只包含有效数字，对有效数字的位数不能任意增删。

1) 有效数字的确定

有效数字的确定有以下几项规定。

(1) 数字前的0不计(定位作用)，数字后0的计入，如0.0$\underline{2450}$(4位)，0.$\underline{10008}$(5位)、$\underline{1.80}$(3位)。

(2) 改变单位时有效数字不变，如0.$\underline{1000}$ g(4位)=$\underline{100.0}$ mg(4位)。

(3) 自然数可看成具有无限多位数(如倍数关系等)；常数亦可看成具有无限多位数，如π、e等。

(4) 数据的第一位数为8或9时，可按多一位有效数字对待，如8.45×10^4，95.2%，9.6(乘除运算时)。

(5) 对数与指数的有效数字位数按尾数计。例如，$10^{-2.34}$(2位)；pH=11.$\underline{02}$(2

位)，则$[H^+]=\underline{9.5}\times10^{-12}$(2 位)。

2) 数字修约规则

四舍六入五成双。

当尾数≤4 时舍;当尾数≥6 时入。

当尾数=5 时，若 5 后面还有不是 0 的任何数皆为入;若后面数为 0，舍 5 成双。

化学实验中常用仪器的精度与实测数据有效数字位数的关系如表 0-1 所示。

表 0-1　常用仪器的精度与实测值有效数字位数

仪器名称	仪器的精度	实测值	有效数字的位数
分析天平	0.0001 g	1.2300 g	5 位
10 mL 量筒	0.1 mL	7.9 mL	2 位
100 mL 量筒	1 mL	79 mL	2 位
移液管	0.01 mL	10.00 mL	4 位
容量瓶	0.01 mL	100.00 mL	5 位
滴定管	0.01 mL	20.00 mL	4 位
分光光度计	0.001	0.230	3 位

3) 有效数字的处理规则

在分析测定过程中，往往要经过几个不同的测量环节，如先用减量法称取试样，称取好的试样经过反应后，计算产物的产率。在此过程中要取多次数据，但每个数据的有效数字位数不一定完全相等。在进行运算时，应按照下列计算规则，合理地取舍各数字的有效数字的位数，确保运算结果的正确。

(1) 根据分析仪器和分析方法准确度正确读出和记录测定值，且只保留一位不确定数字。

(2) 在计算测定结果之前，先根据运算方法(加减或乘除)确定欲保留的位数，然后根据数字修约规则对各测定值进行修约，先修约，后计算。

(3) 进行数字加减运算时，结果的有效数字以小数点后位数最少的数为依据。例如:

$$0.112+\underline{12.1}+0.3214=\underline{12.5}$$

(4) 进行数字乘除运算时，结果的有效数字以有效数字位数最少的数为依据。例如:

$$\underline{0.0121}\times25.66\times1.0578=\underline{0.328}$$

(5) 进行数值乘方和开方时，保留原来的有效数字。

(6) 测定平均值的精度应优于个别测定值，在计算不少于四个测定值的平均值时，平均值的有效数字的位数可以比单次测定值的有效数字增加一位。

（7）在所有计算式中，常数以及乘除因子的有效数字的位数可认为是足够的，应根据需要取定有效数字的位数。

（8）准确报告结果。

分析结果高含量（大于10%）一般取4位有效数字，含量在1%至10%之间取3位有效数字，含量小于1%取2位有效数；分析中误差的表示通常取1至2位有效数字；各类化学平衡计算保留2至3位有效数字。

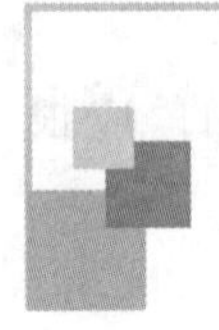

第二部分　无机化学实验内容

I　基本操作实验

实验一　仪器的认领、洗涤和干燥

一、实验目的

牢记无机化学实验室规则和要求。领取实验常用仪器，熟悉其名称、规格、主要用途和使用注意事项。练习并掌握常用玻璃仪器的洗涤和干燥方法。学习绘制仪器及实验装置简图。

二、基本操作

1．仪器的认领

学生仪器的认领需要强调以下几点。

(1) 依仪器清单进行，烧杯可以大顶小。

(2) 磨口仪器应注意塞子是否能打开转动，是否配套。取用时一律口朝上，防止塞子跌落。磨口仪器包括：容量瓶、分液漏斗、酸式滴定管、称量瓶、广口瓶等。

(3) 仪器损坏需要赔偿。

2．常用仪器的洗涤

为了保证实验结果的正确，实验仪器必须洗涤干净。一般来说，附着在仪器上的污物分为可溶性物质、不溶性物质、油污及有机物等。应根据实验要求、污物的性质和污染程度来选择适宜的洗涤方法。

常用的洗涤方法有以下几种。

(1) 水洗。

包括冲洗和刷洗。对于可溶性污物可用水冲洗，这主要是利用水把可溶性污物溶解而除去。为加速溶解，还需进行振荡。先用自来水冲洗仪器外部，然后向仪器中注入少量(不超过容量的 1/3)的水，稍用力振荡后把水倾出，如此反复冲洗数次。对于仪器内部附有不易冲掉的污物，可选用适当大小的毛刷刷洗，利用毛刷对器壁的摩擦去掉污物，然后来回柔力刷洗，如此反复几次，将水倒掉，最后用少量蒸馏水冲洗 2～3 遍。需要强调的是，手握毛刷把的位置要适当(特别是在刷试管时)，以刷子顶端刚好接触试管底部为宜，防止毛刷铁丝捅破试管。

(2) 用肥皂液或合成洗涤剂洗。

对于不溶性及用水刷洗不掉的污物，特别是仪器被油脂等有机物污染或实验准确度要求较高时，需要用毛刷蘸取肥皂液或合成洗涤剂来刷洗，然后用自来水冲洗，最后用蒸馏水冲洗 2～3 遍。

(3) 用洗液洗。

对于用肥皂液或合成洗涤剂也刷洗不掉的污物，或对仪器清洁程度要求较高以及因仪器口小、管细，不便用毛刷刷洗(如移液管、容量瓶、滴定管等)，就要用少量铬酸洗液洗。方法是，往仪器中倒入(或吸入)少量洗液，然后使仪器倾斜并慢慢转动，使仪器内部全部被洗液湿润，再转动仪器，使洗液在内壁流动，转动几圈后，将洗液倒回原瓶。对污染严重的仪器可用洗液浸泡一段时间。倒出洗液后用自来水冲洗干净，最后用少量蒸馏水冲洗 2～3 遍。

用铬酸洗液洗涤仪器时，应注意以下几点。

①用洗液前，先用水冲洗仪器，并将仪器内的水尽量倒净，不能用毛刷刷洗。

②洗液用后倒回原瓶，可重复使用。洗液应密闭存放，以防浓硫酸吸水。洗液经多次使用，如已呈绿色，则已失效，不能再用。

③洗液有强腐蚀性，会灼伤皮肤和破坏衣服，使用时要特别小心。如不慎溅到衣服或皮肤上，应立即用大量水冲洗。

④洗液中的 Gr(Ⅵ)有毒，因此，用过的废液以及清洗残留在仪器壁上的洗液时，第一、二遍洗涤水都不能直接倒入下水道，以防止腐蚀管道和污染水环境。应回收或倒入废液缸，最后集中处理。简便的处理方法是在回收的废洗液中加入硫酸亚铁，使 Cr(Ⅵ)还原成无毒的 Cr(Ⅲ)后再排放。

由于洗液成本较高而且有毒性和强腐蚀性，因此，若能用其他方法洗涤干净的仪器，就不要用铬酸洗液洗。

近年来有人用王水代替铬酸洗液来洗涤玻璃仪器效果很好，但王水不稳定，不宜存放，且刺激性气体味较大。

(4) 其他洗涤方法。

根据仪器器壁上附着物化学性质不同“对症下药”，选择适当的药品处理。例如，仪器器壁上的二氧化锰、氧化铁等，可用草酸溶液或浓盐酸洗涤；附有硫黄可用煮沸的石灰水清洗；难溶的银盐可用硫代硫酸钠溶液洗；附在器壁上的铜或银可用硝酸洗涤；装过碘溶液或装过奈氏试剂的瓶子常有碘附在瓶壁上，用 KI 溶液或 $Na_2S_2O_3$ 溶液洗涤效果都非常好。总之，使用洗液是一种化学处理方法，应充分利用已有的化学知识来处理实际问题。

玻璃仪器洗净的标准是，清洁透明，水沿器壁流下，形成水膜而不挂水珠。洗净的仪器，不要用布或软纸擦干，以免在器壁上沾少量纤维而污染了仪器。最后用蒸馏水冲洗仪器 2～3 遍时，要遵循“少量多次”的原则节约蒸馏水。

3. 常用仪器的干燥

实验用的仪器除要求洗净外，有些实验还要求仪器必须干燥。例如，用于精密称量中的盛载器皿，用于盛放准确浓度溶液的仪器及用于高温加热的仪器。视情况不同，可采用以下方法干燥。

(1) 晾干法。

不急用的且要求一般干燥的仪器可采用晾干。将仪器洗净后倒出积水，挂在晾板(见图 1-1)上或倒置于干燥无尘处(试管倒置在试管架上)，任其自然干燥。

(2) 烘干法。

需要干燥较多仪器时可用烘箱(见图 1-2)进行烘干。烘箱内温度一般控制在110～120 ℃，烘干 1 h，要注意以下几点。

①带有刻度的计量仪器不能用加热的方法进行干燥。

②烘干前要倒去积存的水。

③对厚壁仪器和实心玻璃塞烘干时升温要慢。

④带有玻璃塞的仪器要拔出塞子一同干燥，但木塞和橡胶塞不能放入烘箱烘干，应在干燥器中干燥。

(3) 吹干法。

马上使用而又要求干燥的仪器可用冷-热风机或气流烘干器(见图 1-3)吹干。

图 1-1 晾板

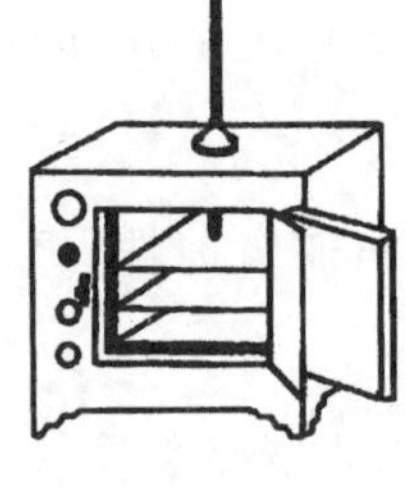

图 1-2 烘箱

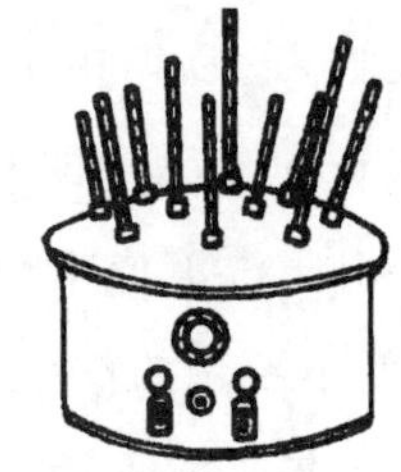

图 1-3 气流烘干器

(4) 烤干法。

急等使用的试管、烧杯和蒸发皿等可以烤干。加热前先将仪器外壁擦干，然后用小火烤。烤干试管时，可用试管夹夹持试管直接在火焰上加热，试管口要始终保持略向下倾斜，并不断移动试管，使其受热均匀；烤干烧杯、蒸发皿时，将其置于石棉网上，用小火加热。

（5）快干法。

此法一般只在实验中临时使用。将仪器洗净后倒置稍控干，然后，注入少量能与水互溶且易挥发的有机溶剂（如无水乙醇或丙酮等），将仪器倾斜并转动，使器壁全部浸湿后倒出溶剂（回收），少量残留在仪器中的混合液很快挥发而使仪器干燥。如果用电吹风向仪器中吹风，则干燥得更快。此法尤其适用于不能烤干、烘干的计量仪器。

4. 常用仪器和实验装置简图的绘制

在实验报告中，有关于仪器、实验装置和操作的叙述。引入清晰、规整的示意图不仅能大大减少文字的叙述，而且形象、直观。因此，正确绘制仪器和实验装置示意图是高师学生必须掌握的一项基本技能。几种常用画法简述如下。

（1）常用仪器的分步画法。

其顺序是：先画左，次画右，再封口，后封底（或再封底，后封口），如图 1-4 所示。

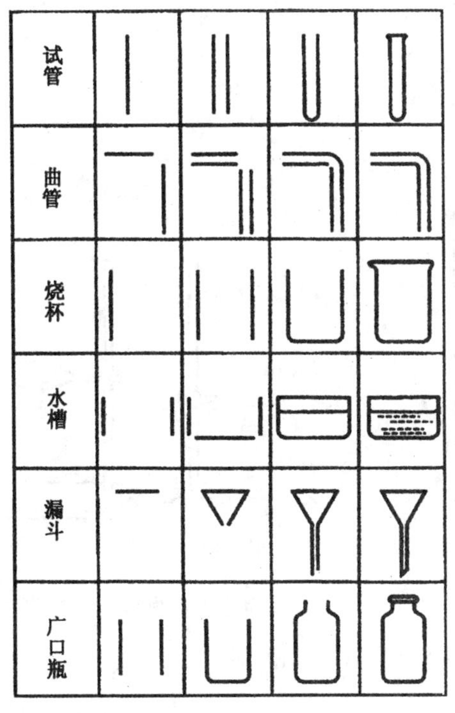

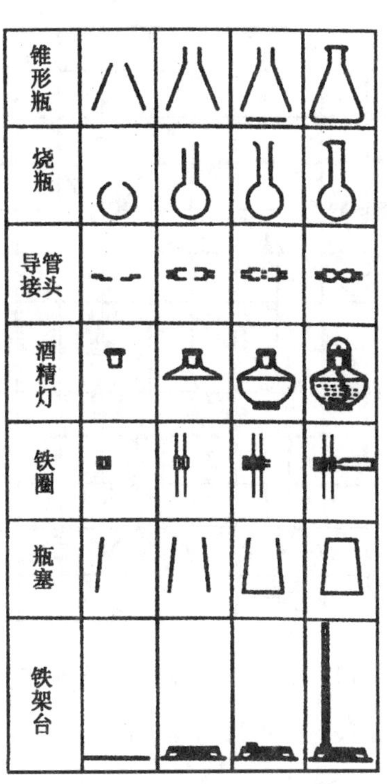

图 1-4　常见仪器的分步画法

（2）成套装置图的画法。

该画法采用先画主体，后画配件。例如，画实验室制取和收集氧气的装置图，先画带塞的试管、导管、集气瓶，后画铁架台、水槽、酒精灯、木垫等，如图 1-5 所示。

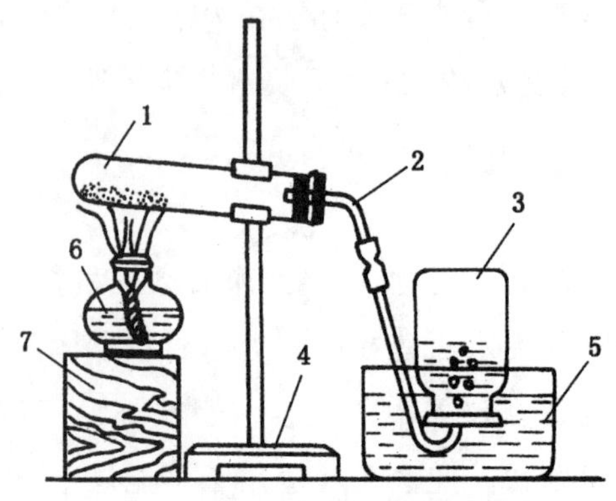

图 1-5　成套装置图的画法

1—试管；2—导管；3—集气瓶；4—铁架台；5—水槽；6—酒精灯；7—木垫

（3）一些常用仪器的简易画法，如图 1-6 所示。

（4）绘图注意事项。

①在同一幅图中必须采用同一种透视法。一般有平面图（见图 1-7（a））和立体图（见图 1-7（b））之分。在立体图中各部分透视方向必须一致。

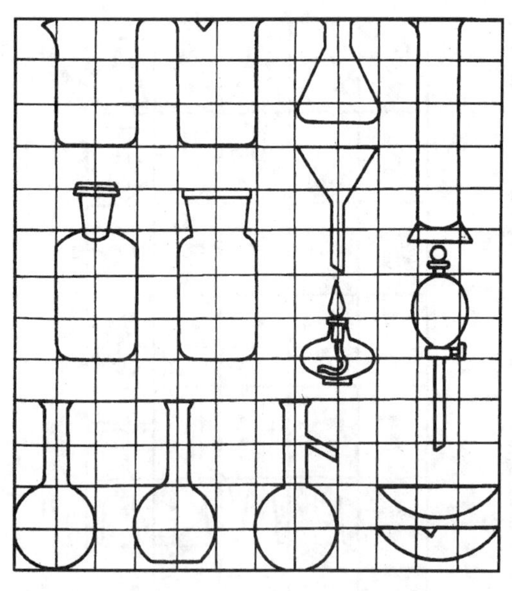

图 1-6　常用仪器的简易画法

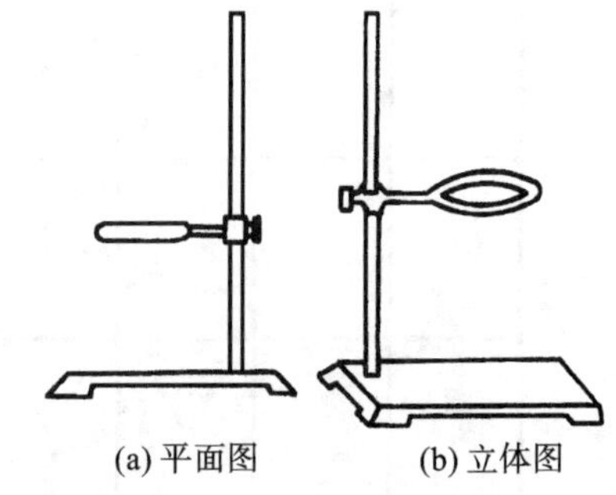

图 1-7　常用仪器的透视法

②图 1-7 中各部分的相对位置和彼此比例要与实际相符。

③要力求线条简洁，图形逼真。

三、实验内容

（1）实验目的性、实验室规则和安全守则教育。

（2）认领仪器。

①按学生"实验仪器配备清单"逐一认识并检查、清点所领仪器。

②熟悉常用仪器的形状、规格和主要用途，并练习绘制仪器图。

③正确画出下列仪器简图并填写下表（见表 1-1）。

表 1-1　仪器简图、规格和主要用途

仪器名称和简图	规　格	用　途	仪器名称和简图	规　格	用　途
试管			烧瓶		
烧杯			漏斗		
锥形瓶			蒸发皿		
量筒			容量瓶		

（3）仪器的洗涤和干燥。

①将所领取需要洗净的仪器（试管、烧杯、锥形瓶、蒸发皿等）先用自来水刷洗，然后用洗衣粉（去污粉）或肥皂液刷洗。

②将洗净的试管倒置在试管架上；烧杯、锥形瓶等挂在晾板上；表面皿、蒸发皿等倒置于仪器柜内令其自然干燥。

③烤干两支试管、一只烧杯，交老师检查。

四、思考题

（1）常用玻璃仪器可采用哪些方法洗涤？选择洗涤方法的原则是什么？怎样判断玻璃仪器是否已洗涤干净？

（2）用铬酸洗液洗仪器时应注意哪些事项？

（3）烤干试管时为什么要始终保持管口略向下倾斜？带有刻度的计量仪器为什么不能用加热的方法干燥？

实验二　台秤和分析天平的使用

一、实验目的

了解台秤和分析天平的基本构造、熟悉天平的使用规则。学习天平正确的称量方法(直接法)。

二、实验用品

仪器:台秤、分析天平、称量瓶。

三、基本操作

天平是进行化学实验不可缺少的称量仪器。不同类型的天平尽管在结构上以及称量的准确程度上不同,但都是根据杠杆原理设计而成的。实验中应根据对样品称量准确度的要求,选用相应类型的天平。

1. 台秤的使用

台秤又叫托盘天平,其构造如图 2-1 所示。一般用于精确度不太高的称量,最大负荷为 200 g 的台秤能称准至 0.1 g,最大负荷为 500 g 的台秤能称准至 0.5 g。

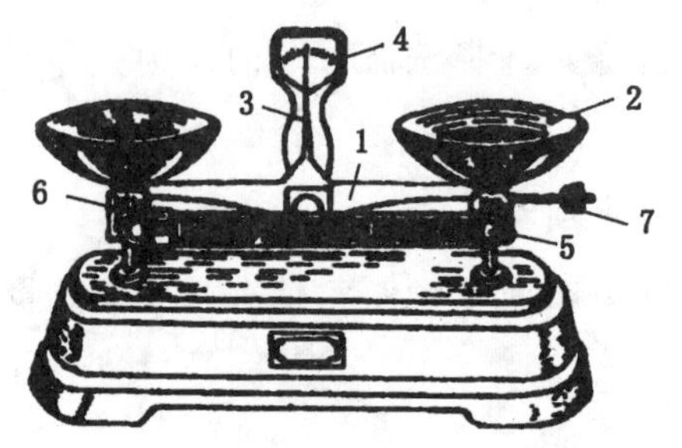

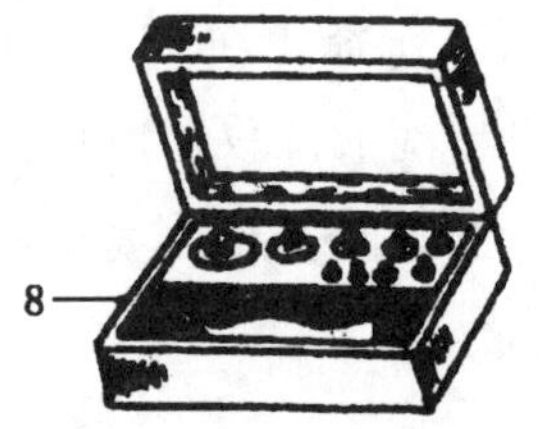

图 2-1　台秤

1—横梁;2—秤盘;3—指针;4—刻度盘;5—游码标尺;6—游码;7—平衡调节螺丝;8—砝码盒

称量前应先检查零点(即在未放物体时,台秤指针在刻度盘上的位置),零点最好在刻度中央,如偏离中央较大,可用托盘下的平衡调节螺丝,使指针停在中间位置。

称量时,左盘放称量物,右盘放砝码,用镊子夹取砝码。最大负荷为 500 g 的台秤,10 g 以下的砝码,用游码代替。当添加砝码到台秤的指针停在刻度盘的中间位置时,台秤处于平衡状态,此时指针所指位置称为停点。当停点与零点重合(允许偏差一小格以内)时,砝码的质量就是称量物的质量。

使用台秤称量时,必须注意以下几点。

(1) 不能称量热物品。

(2) 称量物不能直接放在盘上,应根据具体情况决定放在已称量的、洁净的表面皿、烧杯或称量用纸上。

(3) 称量完毕,砝码回盒,游码拨到"0"位,并将秤盘放在一侧(或用橡皮圈架起),以免台秤摆动。

(4) 保持台秤的整洁。沾有药品或其他污物时,应立即清除。

2. 半自动电光分析天平的使用

分析天平一般指能精确称量到 0.0001 g 的天平。电光天平是其中的一类,而电光天平又有半自动和全自动之分。这里重点介绍普遍使用的半自动电光分析天平。

(1) 构造。

半自动电光分析天平的构造如图 2-2 所示。

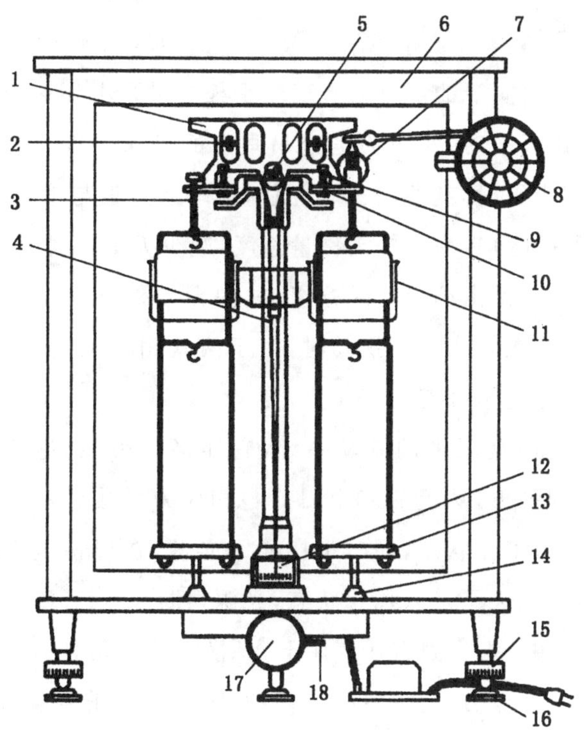

图 2-2　半自动电光天平

1—横梁;2—平衡螺丝;3—吊耳;4—指针;5—支点刀;6—框罩;7—圈码;8—指数盘;9—支柱;10—托叶;11—阻尼器;12—投影屏;13—秤盘;14—盘托;15—螺旋脚;16—垫脚;17—旋钮;18—扳手(调零杆)

①横梁(即天平梁)是天平的主要部件。梁上装有三个三棱形的玛瑙刀,一个位于天平梁的中央,刀口向下,用来支承天平梁,称为支点刀。它放在一个玛瑙平板的刀承上。另外两个玛瑙刀等距离地装在支点刀两侧,刀口向上,用来悬挂秤盘,称为承重刀。

三个刀的刀口棱边完全平行，且处于同一水平面上。刀口的尖锐程度决定天平的灵敏度，直接影响称量的精确程度，因此保护刀口是十分重要的。梁的两端装有两个平衡调节螺丝，用来调节零点。

②指针固定在天平梁的中央，天平梁摆动时，指针也随之摆动。指针下端装有微分标牌(见图 2-3)，光源通过光学系统将标牌刻度放大，反射到投影屏上(见图 2-4)，通过微分标牌的摆动，可以判断天平的平衡情况。

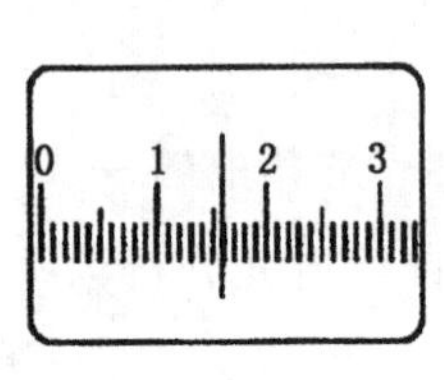

图 2-3　投影标牌读数

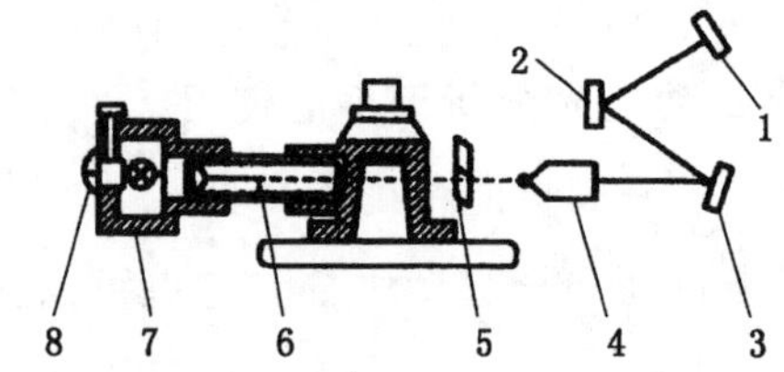

图 2-4　光学读数装置

1—投影屏；2、3—反射镜；4—物镜筒；5—微分标牌；6—聚光镜；7—照射筒；8—灯头座

③吊耳(蹬)的中间面向下的部分嵌有玛瑙平板。吊耳上还装有悬挂阻尼器内筒和天平盘的挂钩。当使用天平时，承重刀通过吊耳上的玛瑙平板与悬挂的阻尼器内筒和天平盘相连接；不使用天平时，托蹬将吊耳托住，使玛瑙刀板与承重刀口脱开。

④空气阻尼器(阻尼筒)是为了提高称量速度，减少天平称量时的摆动时间，在天平盘上装有两只阻尼器。它是由两只空铝盒组成，内盒较外盒稍小，正好套入外盒，二者保持均匀的间隙，避免摩擦。当天平摆动时，由于两盒相对运动，盒内空气的阻力产生阻尼作用，使天平很快达到平衡态。

⑤升降枢(升降旋钮)是天平的制动系统，它连接托梁架、盘托和光源。使用天平时，开启升降枢，托梁即降下，梁上的三个刀口与相应刀承接触，盘托下降，吊耳和天平盘自由摆动，天平进入了工作状态，同时也接通了光源，在屏幕上看到标尺的投影。停止称量时，关闭升降枢，则天平进入休止状态，光源切断。

⑥立柱位于天平正中，垂直固定在底座上，是横梁的起落架。立柱的上方嵌有玛瑙平板承接天平横梁上的支点刀。立柱的上部装有能升降的托梁架，在天平不摆动时，托住天平梁，以保护玛瑙刀口。立柱的背面还有一个供调节天平水平的气泡水平仪。

⑦天平箱(盒)和天平足(螺旋足)由木框玻璃制成，将天平装在箱内，用以防止灰尘、气流和潮湿等对天平和称量带来的影响。天平箱的前面是一个可以上下移动的玻璃门，一般不开启，只有在清理和调整天平时才使用。其两侧的边门，供取放称量物和加减砝码时用，要随开随关。天平箱下装有三只足，前面两只足上有螺旋，供调节天平水平位置时用(通过观察气泡水平仪确定天平是否水平)；天平后面一只足是固定的。

⑧砝码和圈码(环码)。每台天平都有一盒配套的砝码，而圈码则是通过机械加码装置指数盘(见图 2-5)来加减的。转动加码指数盘,可往天平梁上加 10～990 mg 的圈码。指数盘上刻有圈码质量值,分内外两层,内层由 10～90 mg 组合,外层由 100～900 mg 组合,天平达到平衡时,可由内外层对准天平方向的刻线读出圈码的质量。1 g 以上的砝码在砝码盒中,砝码在盒中的排列是有一定次序的,一般按 5、2、1 的组合排列,即 50 g、20 g、10 g、5 g、2 g、1 g 等。

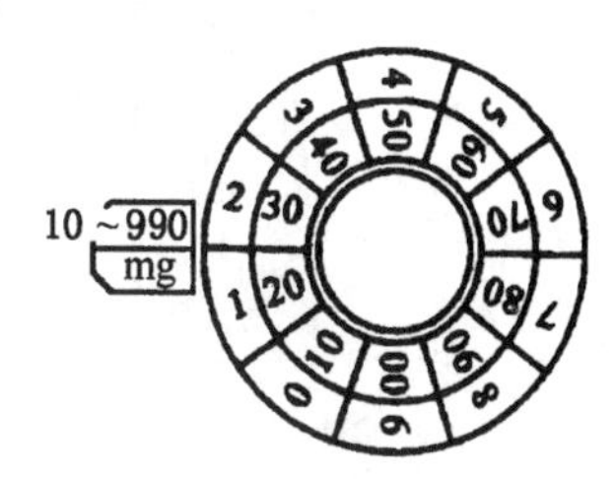

图 2-5　指数盘读数

(2) 使用方法。

①称前检查。天平在使用之前,首先检查天平是否处于水平,圈码指数是否指在 0.00 位置,吊耳和圈码是否有脱落,砝码是否齐全,两盘是否空载,是否清洁,用毛刷将天平盘清扫一下。

②调节零点。天平的零点是指天平“空”载时的平衡点。每次称量前,都要先测天平的零点。先接通电源,轻轻开启升降枢(应将旋钮全部开启),这时从投影屏上可以看到微分标牌在移动。当标牌停稳后,如果标牌 0.00 线不与光屏刻线重合,可拨动扳手,移动光屏位置使刻线与标尺 0.00 重合,零点即调好;若光屏移到尽头还不能使刻线与标牌 0.00 重合时,则需请教师通过调节平衡螺丝来调整。

③称量。零点调好后,关闭天平。将称量物先在台秤上粗称,然后放到分析天平上准确称量。将被称物从左侧门放在左盘中央,根据粗称的质量在天平右盘用镊子添加砝码(加砝码的原则为先加重的,后加轻的,将重的砝码放在盘子的中间,轻的砝码放在外围),随手关闭天平箱的两侧门,轻轻开启天平(手不要离开开关旋钮,不要把旋钮拧到底)观察到指针偏转情况后随即关闭天平。根据指针偏转情况(偏转方向和偏转速度),加减砝码或用指数盘加减圈码。加减圈码时遵循“由大到小,中间截取”的原则,可缩短称量时间。如此反复进行几次,直到指针缓慢移动时,再完全打开开关旋钮,使天平达到平衡状态。

④读数。当天平达到平衡且微分标牌不再移动时,即可从标牌上读出 10 mg 以下的质量(0.1～10 mg),微分标牌上读数 1 大格为 1 mg,1 小格为 0.1 mg。在 1 小格之内,用四舍五入法。有的天平微分标牌只有正值刻度,有的既有正值刻度又有负值刻度。称量时一般都使刻线落在正值范围,以防计算时有加有减而发生错误。这样,称量物的质量可表示如下:

$$\text{称量物质量(g)}=\text{砝码质量(g)}+\frac{\text{圈码质量(g)}}{1000}+\frac{\text{光标读数(g)}}{1000}$$

⑤称后检查。称量完毕,记下物体质量,取出称量物,砝码依次放回盒内原来位置,

关好天平门，将圈码指数盘恢复到0.00位置。用软毛刷轻轻打扫天平，再开启天平，检查一下零点。在天平使用记录本上记录天平使用情况，切断电源，罩上天平罩。

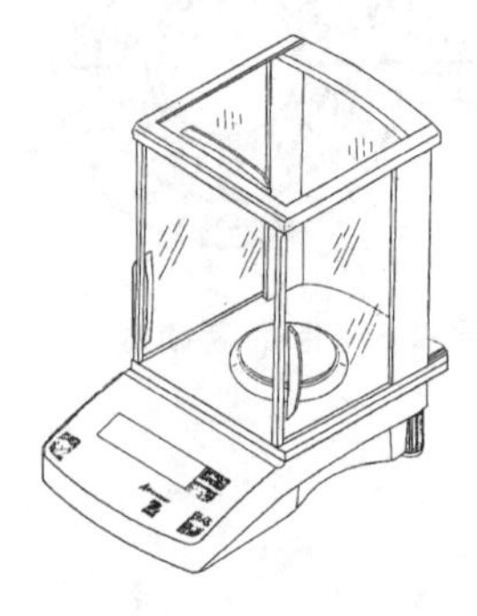

图 2-6 电子天平

3. 电子天平的使用

(1) 电子天平简介。

电子天平是最新发展的一类天平。最大载荷分别为100 g、200 g、2000 g，最小读数分别为0.01 mg、0.1 mg、0.1 g等几种。电子天平采用PMOS集成电路，有磁性阻尼装置，能在几秒内稳定读数。电子天平称量快捷，使用方法简便，是目前最好的称量仪器之一。

图2-6所示的是一种电子天平的外观图。

(2) 电子天平的使用方法。

①轻按天平面板上的控制长键，电子显示屏上出现0.0000 g闪动。待数字稳定下来，表示天平已稳定，进入准备称量状态。

②打开天平侧门，将样品放到物品托盘上(化学试剂不能直接接触托盘)。关闭天平侧门。待电子显示屏上闪动的数字稳定下来，读取数字，即为样品的称量值。

③连续称量功能。当称量了第一个样品以后，若再轻按控制长键，电子显示屏上又重新返回0.0000 g显示，表示天平准备称量第二个样品。重复操作②，即可直接读取第二个样品的质量。如此重复，可以连续称量，累加固定的质量。

电子天平的菜单可供使用者选择测量单位、校准天平、操作时让每个键发出声音和设置打印参数等。

电子天平在使用前，必须调节水平旋钮，使天平水平泡位于中央位置。

4. 分析天平使用规则及维护

(1) 天平室应避免阳光照射，防止腐蚀性气体的侵袭。天平应放在牢固的台上，避免震动。

(2) 天平箱内应保持清洁干燥，箱内的干燥剂(变色硅胶)应定期进行干燥或更换。

(3) 称量物不得超过天平的最大载重量。天平不能称量热的样品，有吸湿性或腐蚀性的样品必须放在密闭容器内称量。称量物应放在适当容器内，不准直接放在秤盘上。

(4) 开关天平要平缓，在秤盘上取放称量物或加减砝码时，都必须关闭天平，以免损坏天平的刀口。

(5) 取放砝码时只能用镊子夹取，不能用手拿。砝码只能放在天平右盘或砝码盒内固定位置，不能乱放，以免污染和丢失；也不能使用其他天平的砝码。

(6) 在同一实验中，多次称量应使用同一台天平和砝码，称量数据应及时记在记录本上，不得记在纸上或其他地方，以免遗失。

(7) 称量完毕，应核对天平零点，然后使天平复原，关好天平，检查盒内砝码是否完整无缺，保持清洁，罩好天平罩，切断电源，在天平使用登记本上记录使用情况，并经指导教师允许后方可离开天平室。

四、实验内容

1. 熟悉天平的基本构造

在教师指导下，了解天平的结构、性能、用法和砝码组合及在盒内的位置，将天平的零点调好。

2. 称量练习

1) 直接法

取一个干燥、洁净、已知质量的称量瓶，取用方法如图2-7所示。先将称量瓶的瓶身和瓶盖分别用台秤粗称，然后用分析天平准确称量瓶身、瓶盖以及瓶身加瓶盖的质量 m_1、m_2 和 m_3，记录称量结果。要求 m_3 与(m_1+m_2)相差不超过±0.4 mg。

图 2-7　取用称量瓶

将天平各部件复原，砝码回盒归位，重测一下天平的零点后，关闭天平。在登记本上记下使用情况，经教师检查以后，切断电源，罩好天平罩，方可离开天平室。

2) 减量法

减量法(也叫差减法)称量样品的质量，不要求固定的数值，只需在要求的称量范围内即可，适合连续称取多份、易吸水或在空气中性质不稳的试样。其操作方法如下：先在一个干燥洁净的称量瓶中装一些试样，粗称后放在天平上准确称其质量记为 m_1，然后从称量瓶中倾倒出些试样于容器内，取用方法如图2-8所示。取称量瓶，放在接样容器的上方，将称量瓶倾斜，用瓶盖轻敲瓶口上部，使试样慢慢落入容器中。当倾出试样在所需质量范围内时，慢慢地将瓶竖起，再用瓶盖轻敲口上部，使沾在瓶口的试样落在容器中。然后盖好瓶盖(这些操作都应在容器上方进行，以防止试样撒落、丢失)，将称量瓶放回天平盘称其质量，记为 m_2，两次称量之差 m_1-m_2，即为所取出的试样质量。如此可连续称取多份试样。

图 2-8　取出试剂

用减量法称取一份试样时，最好能在一两次内倒出所需用量，以减少可能发生的试样损失或吸湿及减小称量误差。若倾出样品过多，只能弃掉，并重新称取。

五、思考题

（1）什么叫天平的平衡点？

（2）使用分析天平要遵守哪些规则？在天平盘上取放物体或加减砝码时，为何必须先关闭天平？

（3）使用半自动分析天平称量时，怎样确定称量物质质量（以克为单位）小数点后的第四位有效数字？

（4）用电光天平称量时，若微分标牌的投影向右偏移，天平指针向何方偏移？此时称量物比砝码重还是轻？

（5）下列操作对天平的称量结果有什么影响？

①开关天平时，动作猛烈。

②取放称量物或加减砝码时未关闭天平。

③称量时未关边门。

④称量时未调零点。

实验三　试剂的取用和试管操作

一、实验目的

学习并掌握固体和液体试剂的取用以及振荡试管和加热试管中的固体和液体的方法。

二、实验用品

仪器：试管、试管夹、药匙、研钵、蒸发皿、滴管、量筒、酒精灯。

试剂：NaCl、NH_4NO_3、NaOH、KNO_3、$CuSO_4 \cdot 5H_2O$、锌粒（片）、铜片；HCl（0.1 mol/L）、H_2SO_4（1 mol/L）、$CuSO_4$（1 mol/L）、NaOH（0.1 mol/L）、$Ca(Ac)_2$（饱和）、KI（0.2 mol/L）、溴水、CCl_4、石蕊、甲基橙、酚酞。

三、基本操作

1. 试剂的取用

一般在实验室中分装化学试剂时，将固体试剂装在广口瓶中。液体试剂盛在细口瓶或带有滴管的滴瓶中。见光易分解的试剂（如硝酸银）盛在棕色瓶内。每一试剂瓶上都必须贴有标签，以表明试剂的名称、浓度和配制日期，并在标签外面涂上一薄层蜡来保护它。

取用试剂前，应看清标签。取用时，先打开瓶塞将瓶塞反放在实验台上。如果瓶塞上端不是平顶而是扁平的，可用食指和中指将瓶塞夹住（或放在清洁的表面皿上），绝不可将它横置桌上以免玷污。不能用手接触化学试剂，应根据用量取用试剂，不必多取，这样既能节约药品，又能取得好的实验结果。取完试剂后，一定要把瓶塞盖严，绝不允许将瓶盖张冠李戴。然后把试剂瓶放回原处，以保持实验台整齐干净。

1）液体试剂的取用

（1）从细口瓶中取用液体试剂。①用倾注法，先将瓶塞取下，反放在桌面上，手握住试剂瓶上贴标签的一面，逐渐倾斜瓶子，让试剂沿着洁净的试管壁流入试管或沿着洁净的玻璃棒注入烧杯中（见图 3-1）。注出所需量后，将试剂瓶口在容器上靠一下，再逐渐竖起瓶子，以免遗留在瓶口的液滴流到瓶的外壁。②如用滴管从试剂瓶中取少量液体试剂时，则需用附置于该试剂瓶旁的专用滴管取用。装有药品的滴管不得横置或滴管口向上斜放，以免液体流入滴管的橡皮帽中。

(2) 从滴瓶中取用液体试剂。①滴瓶要定位，不要随便拿走。②要用滴瓶中的滴管，滴管决不能伸入所用的容器中，以免接触器壁而玷污药品(见图 3-2)。③使用滴瓶中的滴管再放回时，不要插错滴瓶。

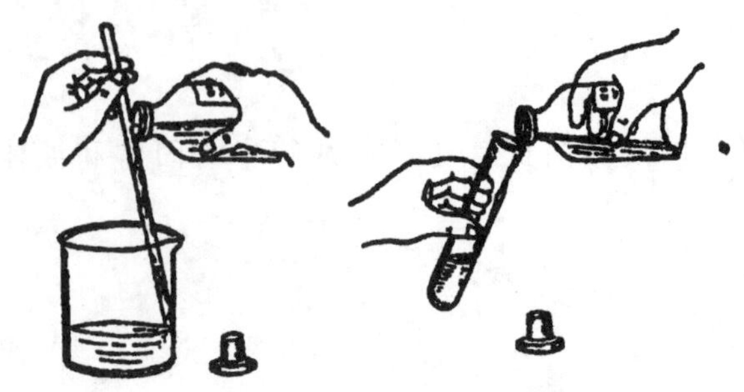

图 3-1　倾注法

图 3-2　滴液人试管的手法

(3) 在试管里进行某些实验时，取试剂不需要准确用量，只要学会估计取用液体的量即可。例如，用滴管取用液体，1 mL 相当多少滴，5 mL 液体占一个试管容量的几分之几等。倒入试管里溶液的量，一般不超过其容积的 1/3。

(4) 定量取用液体时，用量筒或移液管。量筒用于量度一定体积的液体，可根据需要选用不同容量的量筒。量取液体时，要如图 3-3 所示，使视线与量筒内液体的弯月面的最低处保持水平，偏高或偏低都会读不准而造成较大的误差。

2) 固体试剂的取用

(1) 要用清洁、干净、干燥的药匙取试剂。药匙的两端为大小两个匙，分别用于取大量固体和取少量固体。每种试剂应配专用钥匙。用过的药匙必须洗净擦干后才能再使用。

(2) 注意不要超过指定用量取药，多取的不能倒回原瓶，可放在指定的容器中供他人使用。

(3) 要求取用一定质量的固体试剂时，可把固体放在干燥的纸上称量。具有腐蚀性或易潮解的固体应放在表面皿上或玻璃容器内称量。

(4) 往试管(特别是湿试管)中加入固体试剂时，可用药匙或将取出的药品放在对折的纸片上，伸进试管约 2/3 处(见图 3-4、图 3-5)。加入块状固体时，应将试管倾斜，使其沿管壁慢慢滑下(见图 3-6)，以免碰破管底。

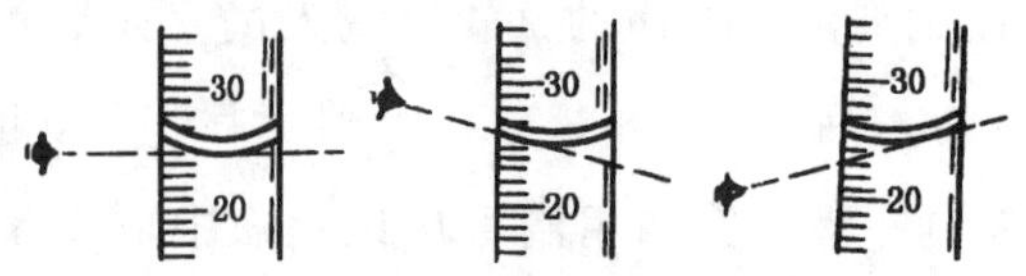

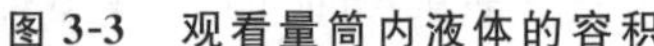

图 3-3　观看量筒内液体的容积

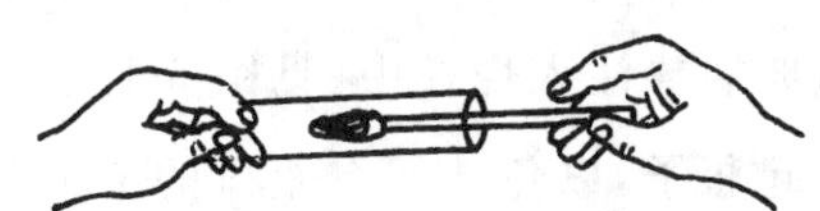

图 3-4　用药匙往试管里送入固体试剂

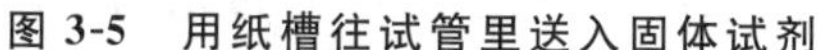

图 3-5　用纸槽往试管里送入固体试剂

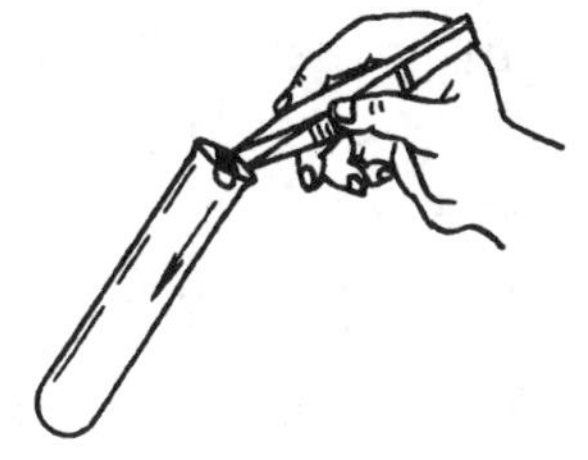

图 3-6　块状固体沿管壁慢慢滑下

(5) 固体的颗粒较大时,可在清洁而干燥的研钵中研碎。研钵中所盛固体的量不要超过研钵容量的 1/3。

(6) 有毒药品要在教师指导下取用。

2. 试管操作

试管是用作少量试剂的反应容器,便于操作和观察实验现象,因而是无机化学实验中用得最多的仪器,要求熟练掌握,操作自如。

1) 振荡试管

用拇指、食指和中指拿住试管的中上部,试管略倾斜,手腕用力振动试管。这样试管中的液体就不会振荡出来。

2) 试管中液体的加热

试管中的液体般可直接放在火焰中加热。若需要微热即可达到目的的,则用手拿试管加热;若需要加强热的,则不要用手拿,应该用试管夹夹住试管的中上部,试管与桌面约成 60°倾斜,

如图 3-7 所示。试管口不能对着别人或自己。先加热液体的中上部,慢慢移动试管,热及下部,然后不时地移动或振荡试管,从而使液体各部分受热均匀,避免试管内液体因局部沸腾而迸溅,引起烫伤。

3) 试管中固体试剂的加热

将固体试剂装入试管底部,铺平,管口略向下倾斜(见图 3-8),以免管口冷凝的水珠倒流到试管的灼烧处而使试管炸裂。先用火焰来回预热试管,然后固定在有固体物质的部位加强热。

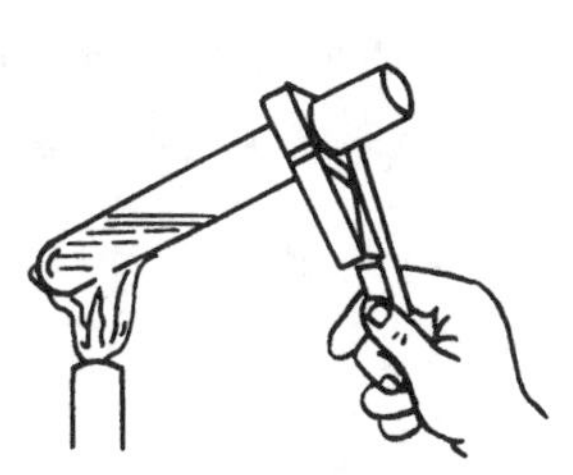

图 3-7　加热试管中的液体

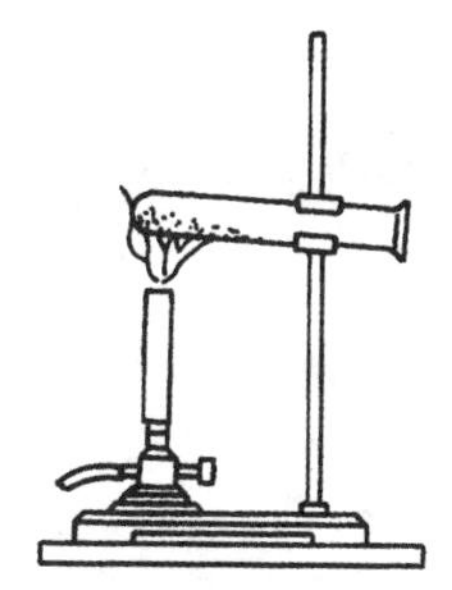

图 3-8　加热试管中的固体

四、实验内容

1. 试剂的取用

（1）用水反复练习估量液体体积的方法直到熟练掌握为止。

（2）随溶液中氢离子和氢氧根离子浓度的变化，指示剂呈不同的颜色。

在两支试管中各注入 1 mL 蒸馏水，在第一支试管中加入 1 滴甲基橙溶液，第二支试管中加入 1 滴酚酞溶液，记下它们在水中的颜色。然后以 0.1 mol/L HCl 和 0.1 mol/L NaOH 代替蒸馏水进行同样实验，观察颜色的变化（见表 3-1）。

表 3-1　实验数据 1

介　　质	指示剂的颜色	
	甲基橙	酚酞
中性（纯水）		
酸性		
碱性		

（3）取二支试管分别放入一小粒锌，并注入约 10 滴 1 mol/L H_2SO_4，然后往第一支试管中加入一小块铜片，再往第二支试管中加入 5 滴 1 mol/L $CuSO_4$ 溶液。观察哪支试管反应快，哪支试管反应慢。

2. 试管操作

（1）在一支试管中注入约 5 滴 0.2 mol/L 的 KI 溶液，加入几滴溴水和 CCl_4 并振荡试管，观察 CCl_4 层中碘的颜色。

（2）在盛有 5 滴溴水的试管中加入几滴 CCl_4，并加以振荡，观察 CCl_4 层中的颜色。

（3）在一支试管中加入少量 KNO_3 固体，加入 1 mL 水，加热使其溶解，再加入 KNO_3 固体制成饱和溶液。把清液倾入另一支试管中，冷至室温，观察晶体的析出。

（4）同上制取饱和 NaCl 溶液。将清液倒入另一支试管中，放冷后观察是否有 NaCl 晶体析出。

（5）在一支试管中加入 1 mL 的饱和 $Ca(Ac)_2$ 溶液，然后加热，观察有没有 $Ca(Ac)_2$ 晶体析出。

（6）在干燥试管内放入几粒 $CuSO_4 \cdot 5H_2O$ 晶体，按前述固体试剂的加热方法加热，等所有晶体变为白色时，停止加热。当试管冷却至室温后，加入 3～5 滴水，注意颜色的变化，用手摸一下试管有什么感觉。

五、思考题

（1）取用固体和液体时，要注意什么事项，为什么？

(2) 通过试管操作实验,你能否推论出固体物质的溶解度与温度有何关系。

附注:

试剂的级别和适用范围。

化学试剂是用以探测其他物质组成性状及其质量优劣的纯度较高的化学物质。按照药品中杂质含量的多少,将我国生产的化学试剂的级别及适用范围列于下表:

级　别	一　级	二　级	三　级	四　级
名称	优级纯	分析纯	化学纯	实验试剂
符号	GR	AR	CP	LR
标签颜色	绿色	红色	黄色	蓝色
适用范围	最精确的分析和科研工作	精确分析和研究工作	一般工业分析	普通实验及制备实验

应根据实验的不同要求选用不同级别的试剂。一般说来,在无机化学实验中,化学纯级别的试剂就已能符合实验要求,但在若干实验中要分析纯级别的试剂。

实验四　气体的发生、收集、净化和干燥

一、实验目的

学习气体的制备和收集方法。继续练习试管中固体试剂的加热。学习启普发生器的构造和使用方法。

二、实验用品

仪器：烧杯、试管量筒、广口瓶、水桶、燃烧匙、玻璃片、酒精灯、铁架台、台秤、启普发生器、药匙。

试剂：$KClO_3$、MnO_2、CuO、红磷、木炭、细铁丝、锌粒；HCl(6 mol/L)、石灰水；胶塞、胶管、冰。

三、基本操作

1. 气体的发生

1）加热固体物质以制取气体

可适用于 O_2、NH_3、N_2 等，一般可以在试管中进行。仪器装置图如图 4-1 所示。

制取气体时应注意检查气密性；试管口向下倾斜，以免管口冷凝的水珠倒流到试管的灼烧处，导致试管炸裂。

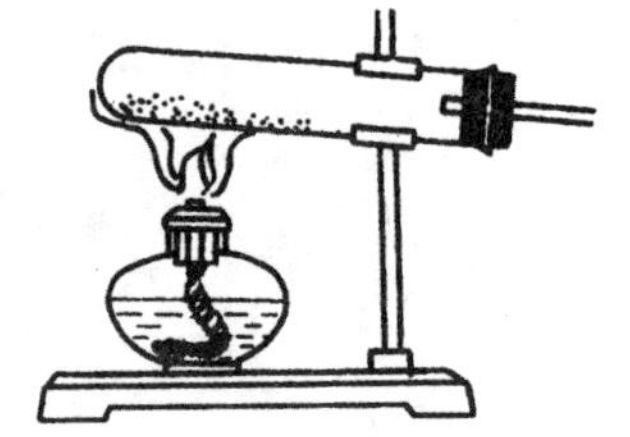

图 4-1　加热固体物质以制取气体的装置

2）利用启普发生器制备气体

适用于制备 H_2、CO_2、H_2S、NO_2、NO 等气体。

图 4-2 所示的是启普发生器的构造图，它由球形漏斗、玻璃容器和导气管三部分组成。固体和液体在葫芦状容器（由球体和半球体构成）上半部的球体内发生反应，球体的上部有一气体出口，与带开关的导气管相连。下半部的半球体是用于贮存液体的，其底部有一废液出口，平常用磨砂玻璃塞塞紧。

使用注意事项如下。

（1）启普发生器不能加热。

（2）所用固体必须是颗粒较大或块状的。

（3）移动（拿取）启普发生器时，应用手握住葫芦状容器半球体上部凹进部位（即所谓“蜂腰”部位），决不可用手提（握）球形漏斗，以免葫芦状容器脱落打碎，造成伤害事故。

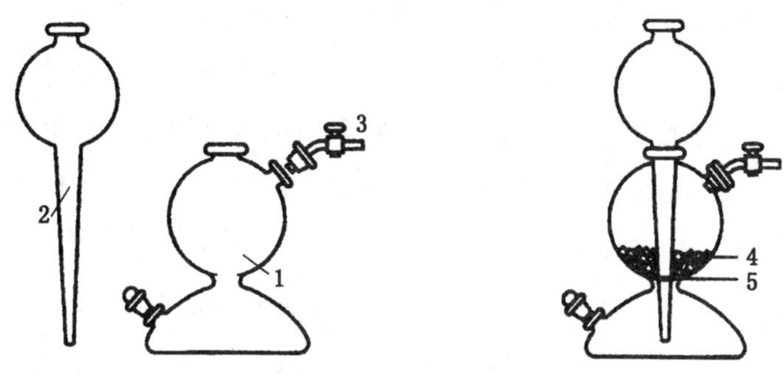

图 4-2　启普发生器装置

1—葫芦状容器；2—球形漏斗；3—旋塞导管；4—固体药品；5—玻璃棉（或橡皮垫圈）

使用方法如下。

（1）装配：将球形漏斗颈、半球部分的玻璃塞及导管的玻璃旋塞的磨砂部分涂一薄层凡士林，并插入磨口内旋转，使之装配严密。

（2）检查气密性：打开导气管的旋塞，从球形漏斗口注入水至充满半球体，先检查半球体上的玻璃塞是否漏水，若漏水需重新处理塞子（取出擦干，重涂凡士林，塞紧后再检查）。若不漏水，再检查气密性。其方法是：关闭导气管旋塞，继续从球形漏斗加水至漏斗的 1/2 处时停止加水记下水面的位置，静置，然后观察水面是否下降。若水面不下降则表明不漏气（否则应找出漏气的原因并进行处理）。然后从下面废液出口处将水放掉，再塞紧下口塞（为防止因容器气压增大而使其被挤出最好用绳子把塞子紧缚在容器塞孔的外壁上）备用。

（3）加料：在葫芦状球体的下部先放些玻璃棉（或橡胶垫圈），以防止固体掉入半球体底部而使反应无法控制。然后由气体出口放入固体药品。加入固体的量不宜过多，以不超过中间球体容积的 1/3 为宜（否则固液反应激烈，液体很容易被气体从导管中冲出）。然后从球形漏斗加入液体，待加入的液体与固体接触后即关闭导气管的旋塞，再加液体至漏斗上部球体的 1/4～1/3 处，使反应时液体可浸没固体。加入的液体也不宜过多，否则也会因反应激烈，使液体从导管口冲出。

（4）气体的发生：使用时，打开旋塞，此时中间球体内压力降低，液体即从底部进入中间球体与固体接触而产生气体。停止使用时，关闭旋塞，由于中间体内产生的气体使压力增大，将液体压到球形漏斗中，使固体与液体分离，反应自动停止。再次使用时，只要打开旋塞即可产生气体，还可以通过调节旋塞来控制气体的流速。

（5）添加或更换试剂：发生器中的液体长久使用后浓度会变稀，使反应逐渐缓慢。当生成的气体量不足时，应及时添加或更换反应物。更换或添加固体时，先关闭旋塞，让液体压入球形漏斗中使其与固体分离；然后用塞子将球形漏斗的上口塞紧，取下装有导气管的橡胶塞，即可从侧口更换或添加固体。更换液体时（或实验结束后要将废液倒掉),先关闭导气管旋塞,用塞子将球形漏斗的上口塞紧;然后用左手握住"蜂腰"部位(切勿握球形漏斗),把发生器先仰放在废液缸上,使废液出口朝上,再拔出下口塞子,倾斜发生器使下口对准废液缸,慢慢松开球形漏斗的橡胶塞,控制空气的进入速度,让废液缓缓流出;废液倒出后再把下口塞子塞紧,重新从球形漏斗添加液体。实验结束,将废液倒入废液缸内(或回收),并倒出剩余固体。

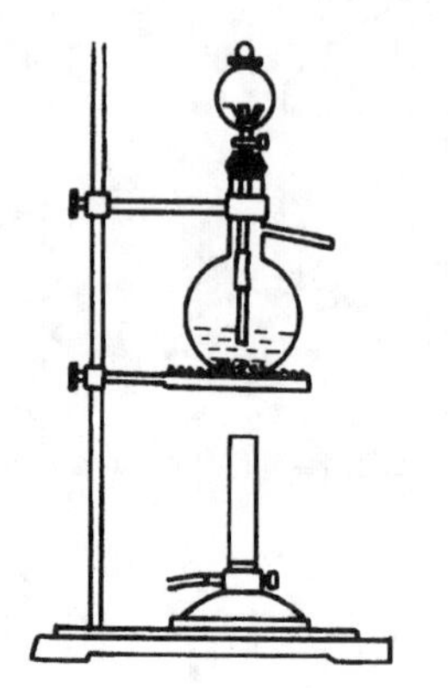

图 4-3　用蒸馏烧瓶和分液漏斗制备气体的装置

3) 利用蒸馏烧瓶和分液漏斗制备气体

适用于 CO、SO_2、Cl_2、HCl 等气体。实验装置如图 4-3所示。

注意:分液漏斗下管应插入液体或小试管内;必要时可加热。

4) 从贮气钢瓶直接获得气体

如果需要大量或经常使用气体时,可以从压缩气体钢瓶中直接获得气体。高压钢瓶容积一般为 40～60 L,最高工作压力为 15 MPa,最低的也在 0.6 MPa 以上。为了避免在使用各种钢瓶时发生混淆,常将钢瓶漆上不同的颜色,写明瓶内气体名称,如表 4-1 所示。

表 4-1　我国高压气体钢瓶常用的标记

气体类别	瓶身颜色	标字颜色	腰带颜色
氮气	黑色	黄色	棕色
氧气	天蓝色	黑色	
氢气	深绿色	红色	
空气	黑色	白色	
氮气	黄色	黑色	
二氧化氮气	黑色	黄色	
氯气	草绿色	白色	
乙炔	白色	红色	绿色
其他一切非可燃气体	红色	白色	
其他一切可燃气体	黑色	黄色	

高压钢瓶若使用不当,会发生极危险的爆炸事故,使用者必须注意以下事项:

(1) 钢瓶应存放在阴凉、干燥、远离热源(如阳光、暖气、炉火)的地方。盛可燃性气体钢瓶必须与氧气钢瓶分开存放。

(2) 绝对不可使油或其他易燃物有机物机物沾在气体钢瓶上(特别是气门嘴和减压器处),也不得用棉麻等物堵漏,以防燃烧引起事故。

(3) 使用钢瓶中的气体时，要用减压器（气压表）。可燃性气体钢瓶的气门是逆时针拧紧的，即螺纹是反扣的（如氢气、乙炔气）。非燃或助燃性气体钢瓶的气门是顺时针拧紧的，即螺改是正扣的。各种气体的气压表不得混用。

(4) 钢瓶内的气体绝不能全用完，一定要保留 0.05 MPa 以上的残留压力（表压）。可燃性气体如乙炔应剩余 0.2～0.3 MPa，H_2 应保留 2 MPa，以防重新充气时发生危险。

2. 气体的收集

1) 排水集气法

该方法适用于难溶于水且不与水发生化学反应的气体，如 H_2、O_2、N_2、NO、CO、CH_4、C_2H_4 等。

一般实验中使用集气瓶。先将集气瓶装满水，用毛玻璃片沿集气瓶的磨口平推以将瓶口盖严，不得留有气泡。手握集气瓶并以食指按住玻璃片把瓶子翻转倒立于盛水的水槽中。将收集气体的导管伸向集气瓶口下，气泡进入集气瓶的同时，水被排出，待瓶口有气泡排出时，说明集气瓶已装满气体。在水下用毛玻璃片盖好瓶口，将瓶从水中取出。根据气体对空气的相对密度决定将集气瓶正立或倒立在实验台上，如图 4-4 所示。

2) 排气集气法

该方法适用于不与空气发生反应的气体。比空气密度小的气体，可用向下排空气法，如 H_2、NH_3、CH_4 等；比空气密度大的气体，可用向上排空气法，如 CO_2、Cl_2、SO_2 等。该装置如图 4-5 所示。

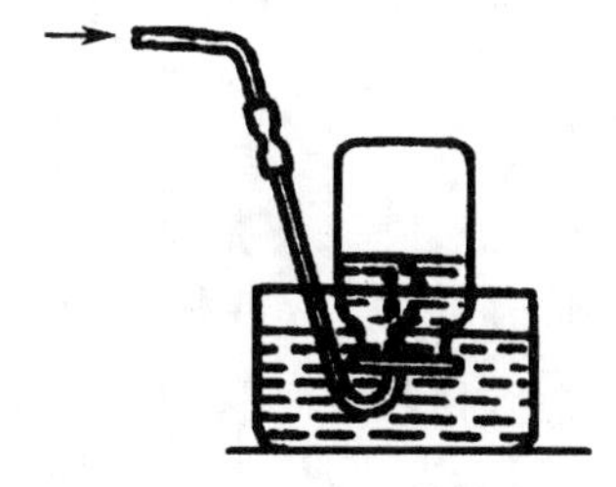

图 4-4 排水收集气体

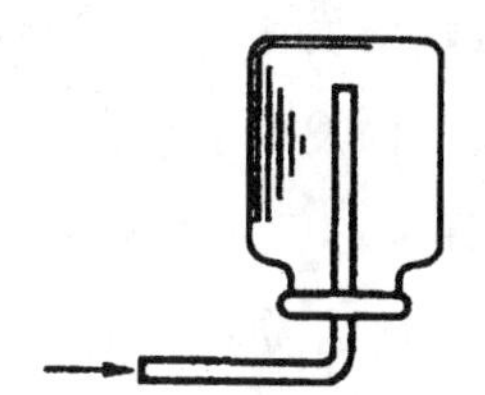

图 4-5 排空气收集气体

3. 气体的净化和干燥

实验室制备的气体常常带有酸雾和水汽。为了得到比较纯净的气体，酸雾可用水或玻璃棉除去；水汽可用浓硫酸、无水氯化钙或硅胶吸收。一般情况下使用洗气瓶（见图 4-6），干燥塔（见 4-7），U 形管（见图 4-8）或干燥管（见图 4-9）等仪器进行净化或干燥。液体（如水、浓硫酸等）装在洗气瓶内，无水氯化钙和硅胶装在干燥塔或 U 形管内，玻璃棉装在 U 形管或干燥管内。

图 4-6 洗气瓶

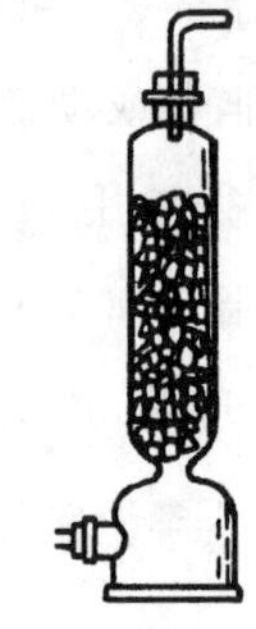
图 4-7 干燥塔

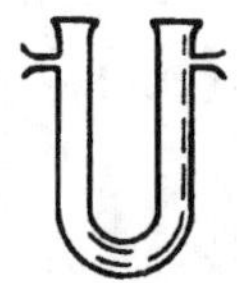
图 4-8 U形管

图 4-9 干燥管

不同性质的气体根据具体情况，分别采用不同的洗涤液或干燥剂进行处理(见表4-2)。

表 4-2 常用气体的干燥剂

气 体	干 燥 剂	气 体	干 燥 剂
H_2	$CaCl_2$、P_2O_5、H_2SO_4(浓)	H_2S	$CaCl_2$
O_2	同上	NH_3	CaO 或 CaO-KOH
Cl_2	$CaCl_2$	NO	$Ca(NO_3)_2$
N_2	$CaCl_2$、P_2O_5、H_2SO_4(浓)	HCl	$CaCl_2$
O_3	$CaCl_2$	HBr	$CaBr_2$
CO	$CaCl_2$、P_2O_5、H_2SO_4(浓)	HI	CaI_2
CO_2	$CaCl_2$、P_2O_5、H_2SO_4(浓)	SO_2	$CaCl_2$、P_2O_5、H_2SO_4(浓)

四、实验内容

1. 氧气的发生、收集和性质

1) 氧气的发生和收集

在台秤上称 7 g 用玻璃棒研细过的氯酸钾(为何不用研钵?)，再称 1 g 预先经过灼烧过的二氧化锰粉末①，混合均匀后放入 1 支硬质大试管中。在导管口放一点棉花(松紧合适)，按试管中固体试剂的加热和排水集气法收集三瓶氧气，其中一瓶应留有少量水，备用。

2) 氧气的性质

(1) 磷在氧气中的燃烧。将盛有绿豆大小的红磷的燃烧匙置于酒精灯火焰上加热

① 分解 $KClO_3$ 的催化剂可用氧化铝、氧化铁、氧化铜、沙子等。MnO_2 作催化剂时应注意不应混有有机物，否则和 $KClO_3$ 反应易发生爆炸。$KClO_3$ 是强氧化剂，与可燃物质接触、加热、摩擦或撞击容易引起燃烧和爆炸，因此决不可把它与有机物、木炭、红磷、硫粉、蔗糖等易氧化的可燃物混合起来保存。$KClO_3$ 易分解，不宜用火烘烤。实验时，撒落的 $KClO_3$ 应及时清除干净，不要倒入酸缸中。

燃烧，观察其发光现象。接着将燃着的红磷伸进盛有氧气的集气瓶中(燃烧匙切勿碰着容器壁，为什么?)比较发光现象，并写出反应式。

(2) 木炭在氧气中的燃烧。在燃烧匙中放入一小块木炭，置于火焰上加热至红，伸进氧气瓶中，燃烧后立即向瓶内倒入一些澄清的石灰水，摇动后观察现象，并写出反应式。

(3) 铁丝在氧气中的燃烧[①]。把一段细铁丝绕成螺旋状，一端系一段火柴梗，用坩埚钳夹住另端，把火柴梗燃着等快要燃尽时立即伸进盛有少量水的氧气瓶中，观察现象，并写出反应式。

2. 氢气的制备和性质

1) 制备

装配一制取氢气的启普发生器，导管尾部带一尖嘴，或自行设计一套简易装置。检验气密性，并装好药品待用。

2) 性质

(1) 可燃性。开启启普发生器，制取氢气并验纯。待氢气纯净后点燃，观察火焰颜色[②]。用一外壁干燥的、盛有冰水的小烧杯放在火焰上方，观察有无水珠形成，写出验纯的整个步骤。

(2) 还原性。取一硬质试管装入少量 CuO 粉末，固定在铁架台上(应注意什么?)。验纯后将氢气导管插入试管底部，通气片刻后加热 CuO，观察 CuO 的变化。然后撤去酒精灯，再通气片刻。待试管冷却后，停止通气，将试管中物质倒在白纸上观察，并写出反应式。

五、思考题

(1) 某学生做完氧气实验后，先拿开煤气灯(或酒精灯)，用嘴吹灭灯后，把导气管拿出水面；拆去装置后立即用冷水洗涤灼热的试管，你认为他的操作方法对吗？如有错误，请指出，并说明理由。

(2) 你能用实验证明 $KClO_3$ 里含有氯元素和氧元素吗?

(3) 做铁丝在氧气中燃烧的实验时，集气瓶中为什么要留有水?

(4) 试述启普气体发生器的构造原理和使用注意事项。

(5) 点燃可燃性气体时应注意什么?

---

① 做 Fe 在 O_2 中燃烧的实验时，集气瓶中留少量水的目的是使产生的红热的氧化铁不至于把瓶子击裂，故水量应能使氧化铁冷却下来，水层的深度不少于 1 cm，太少时仍会使集气瓶破裂。

② H_2 的燃烧火焰应为浅蓝色，由于玻璃管中 Na^+ 离子颜色的影响而带有黄色。

(6) 在做完氢的还原性实验后，拿开酒精灯以后，为何还要继续通氢气至试管冷却？

附注：

可燃性气体的燃点和混合气体的爆炸范围(101.325 kPa)

气体(蒸气)	燃点/℃	混合物中爆炸限度(气体的体积分数)/%	
		与空气混合	与氧气混合
CO	650	12.5～75	13～96
H_2	585	4.1～75	4.5～9.5
H_2S	260	4.3～45.4	—
NH_3	650	15.7～27.4	14.8～79
CH_4	537	5.0～15	5～60
C_2H_5OH	558	4.0～18	—

实验五　酸度计的使用

一、实验目的

了解酸度计的基本构造、熟悉酸度计的使用规则。

二、实验用品

仪器：酸度计、烧杯。

试剂：邻苯二甲酸氢钾、混合磷酸盐、四硼酸钠、KCl 饱和溶液。

三、基本操作

1. 酸度计基本构造

酸度计又称 pH 计，是常用的电化学分析仪器。酸度计能测量 0～14 pH 值范围内溶液的 pH 值。酸度计由电极和电位计两部分组成，图 5-1 所示的是酸度计的外形结构。酸度计测定溶液 pH 值时，将复合电极或玻璃电极、甘汞电极插入被测溶液中，组成电化学原电池，如图 5-2 所示，其电动势与溶液的 pH 值大小有关。酸度计主体是一个精密的电位计，它将测量原电池的电动势通过直流放大器放大，最后由读数指示器（电压表）指出被测溶液的 pH 值。酸度计测定溶液 pH 值的方法是一种电位测定法，将玻璃电极替换成某种离子选择性电极可以测量该离子电极电位 mV 值（酸度计 pH 值、mV 值测量可通过旋钮转换），根据 mV 值可测得该离子的浓度。

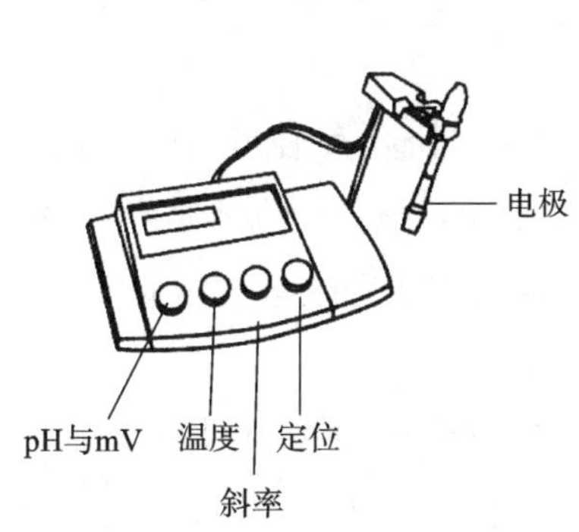

图 5-1　酸度计外形结构

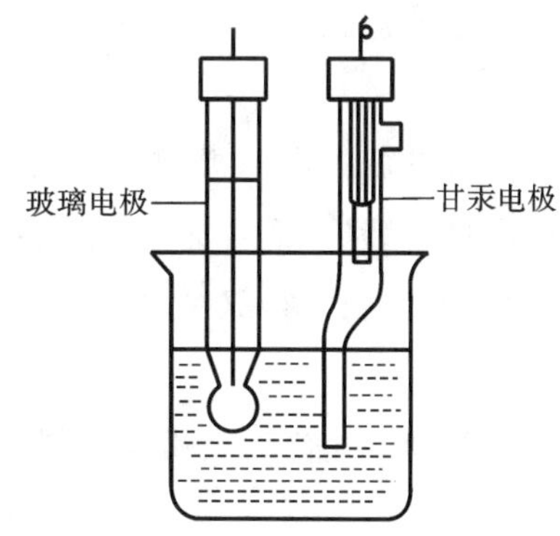

图 5-2　测定 pH 值的工作电池示意图

测定 pH 值的电极有玻璃电极、甘汞电极和复合电极。下面介绍这几种电极的结构、使用和维护。

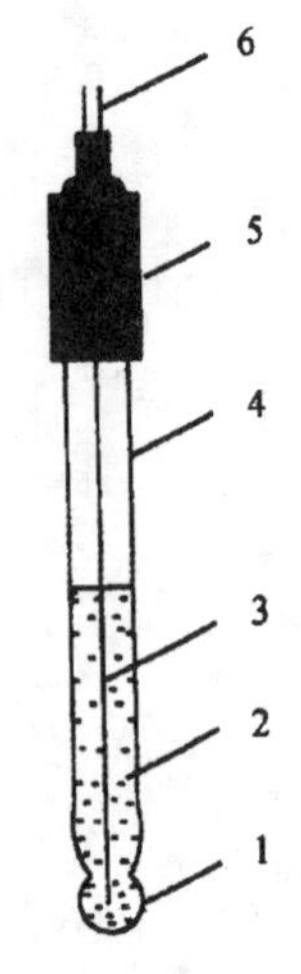

图 5-3　玻璃电极结构

1—玻璃膜球；2—内参比溶液；3—内参比电极；4—玻璃电极杆；5—绝缘帽；6—导线

1）玻璃电极

玻璃电极时常用的氢离子指示电极，其电极结构如图 5-3 所示。玻璃电极用于测定是基于玻璃膜两边的电位差，在一定的温度（25 ℃）下，试液的 pH 值与玻璃膜电位差呈下列直线关系：

$$\Delta\varphi = K + 0.0592\lg a_{\mathrm{H^+},试} = K - 0.0592\mathrm{pH}_{试}$$

式中：K 为常数，它是由玻璃电极本身决定的。由于 K 值不易求出，不能由此电池电势直接求得 pH 值，需用标准缓冲溶液来标定。玻璃电极不受氧化剂、还原剂和其他杂质的影响，因此 pH 值测量范围宽广，应用广泛。

玻璃电极的使用方法如下。

（1）使用玻璃电极时要进行调整，需放在蒸馏水中浸泡一段时间，以便形成良好的水合层；浸泡时间与玻璃组成、薄膜厚度有关，一般新制电极及玻璃电导率低、薄膜较厚的电极浸泡时间以 24 h 为宜；反之浸泡时间可短些。浸泡时间可查阅玻璃电极说明书。

（2）测定某溶液之后，要认真冲洗，并吸干水珠，再测定下一个样品。

（3）测定时，玻璃电极的球泡应全部浸在溶液中，使它稍高于甘汞电极的陶瓷芯端。

（4）测定时，应用磁力搅拌器以适宜的速度搅拌，即搅拌的速度不宜过快，否则易产生气泡附在电极上，造成读数不稳。

（5）测定有油污的样品，特别是有浮油的样品，使用后要用四氯化碳或丙酮清洗干净，之后需用 1.2 mol/L HCl 冲洗，再用蒸馏水冲洗，在蒸馏水中浸泡平衡一昼夜再使用。

（6）测定浑浊液之后要及时用蒸馏水冲洗干净，不应留有杂物。

（7）测定乳化状物的溶液后，要及时用洗涤剂和蒸馏水清洗电极，然后浸泡在蒸馏水中。

（8）玻璃电极的内电极与球泡之间不能有气泡，若有气泡，可轻甩，让气泡逸出。

玻璃电极的维护：平时常用的玻璃电极，短期内放在 pH=4.00 的缓冲溶液中或浸泡在蒸馏水中即可；长期存放时，用 pH=7.00 的缓冲溶液浸泡或套上橡皮帽放在盒中。

2）甘汞电极

甘汞电极是 pH 值测定常用的参比电极，化学实验室使用的多为饱和甘汞电极，其电极结构如图 5-4 所示。饱和甘汞电极的电极电位较稳定，在 25 ℃时，电极电位为 0.2438 V。

甘汞电极的使用和维护注意事项如下。

（1）保持甘汞电极的清洁，不得使灰尘或外部离子进入该电极内部；当甘汞电极外表附有 KCl 溶液或晶体时，应随时除去。

（2）测量时电极应竖式放置，甘汞芯应在饱和 KCl 液面下，电极内盐桥溶液面应略高于被测溶液面，防止被测溶液向甘汞电极内扩散。

（3）电极内 KCl 溶液中不能有气泡，溶液中应保留少许 KCl 晶体。电极使用时，应每天添加内管充液，双盐桥饱和甘汞电极应每日更换外盐桥内充液。

（4）甘汞电极在使用时，应先拔去侧部和端部的电极帽，使盐桥溶液借重力维持一定流速与被测溶液形成通路。

（5）因甘汞电极在高温时不稳定，故一般不宜在 70 ℃以上温度的环境中使用。此外，因甘汞电极的电极电位有较大的负温度系数和热滞后性，因此，测量时应防止温度波动，精确测量时应恒温。

（6）若被测溶液中不允许含有 Cl^-，则应避免直接插入甘汞电极，这时应使用双液接甘汞电极；此外甘汞电极不宜用在强酸或强碱介质中，因此时的液体接界电位较大，且甘汞电极可能被氧化。

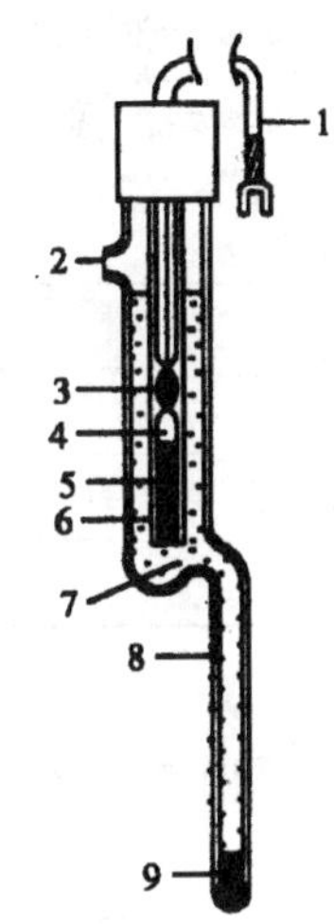

图 5-4　饱和甘汞电极结构

1—电极引线；2—侧管；3—汞；4—甘汞糊；5—石棉或纸浆；6—玻璃管；7—KCl 溶液；8—电极玻壳；9—橡皮帽

（7）不要把饱和甘汞电极长时间浸在备测溶液中，以免流出的 KCl 污染待测溶液，更不要把甘汞电极与侵蚀汞和甘汞的物质或与 KCl 起反应的物质相接触。

（8）因甘汞易光解而引起电位变化，使用和存放时应注意避光。

（9）电极不用时，取下盐桥套管，将电极保存在饱和 KCl 溶液中，千万不能使电极干涸，电极长期不用时，应把端部的橡胶帽套上，放在电极盒中保存。

3）复合电极

PHS-25 型酸度计由电位计和 E-201-C_9 复合电极组成，如图 5-5 所示。E-201-C_9 复合电极是由玻璃电极（测量电极）和 Ag-AgCl 电极（参比电极）组合在一起的塑壳可充

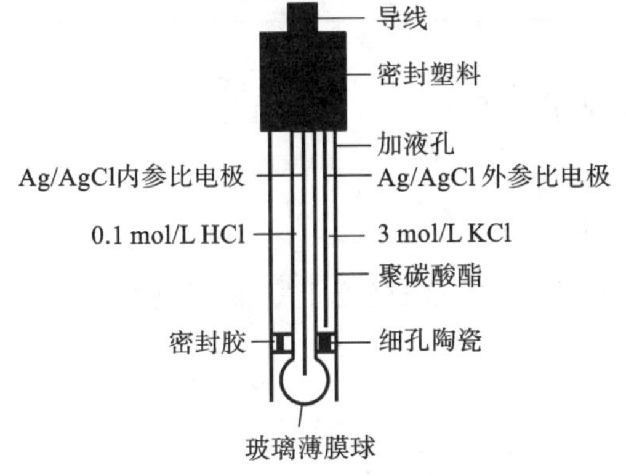

图 5-5　复合电极结构

式复合电极，即将玻璃电极和参比电极组合成一体用于测量。

PHS-25 型酸度计主要技术性能如表 5-1 所示。

表 5-1 PHS-25 型酸度计主要技术性能

性能指标	性能参数		性能指标	性能参数	
	pH	mV		pH	mV
测量范围	0～14.0	0～1400	最小分度	0.1	10
精确度	±0.1	±10	稳定性	±0.05/2 h	—

被测溶液温度为 0～60 ℃，缓冲溶液的 pH 值与温度的对应关系见表 5-2。

表 5-2 缓冲溶液的 pH 值与温度的对应关系

温度/℃	pH 值		
	0.05 mol/L 邻苯二甲酸氢钾	0.025 mol/L 混合磷酸盐	0.01 mol/L 四硼酸钠
5	4.00	6.95	9.39
10	4.00	6.92	9.33
15	4.00	6.90	9.23
20	4.00	6.88	9.18
25	4.00	6.86	9.18
30	4.01	6.85	9.14
35	4.02	6.84	9.11
40	4.03	6.84	9.07
45	4.04	6.84	9.04
50	4.06	6.83	9.03
55	4.07	6.88	8.99
60	4.09	6.84	8.97

2．PHS-25 型酸度计使用方法：

1）开机准备

（1）电源接通后，预热 30 min。

（2）将电极梗插座、电极夹夹在电极梗上。取下复合电极前端的电极套，将电极夹在电极夹上。

2）pH 值标定

置选择旋钮于“pH”档，测出待测溶液的温度，将温度补偿调节旋钮调至待测溶液的温度值，再进行定位。其定位法分为一点定位法和二点定位法。

（1）一点定位法。

将电极用蒸馏水洗净并用滤纸吸干，将斜率补偿调节旋钮向右轻旋到底（即将斜率调至最大），然后插入已知 pH 值的标准缓冲溶液中，调节定位调节旋钮，使显示屏上显示出标准缓冲溶液的 pH 值，定位完毕。

（2）二点定位法。

①要准确测量溶液的 pH 值，应采用二点定位法进行校准。将清洗过的电极插入中性（pH＝6.86）的缓冲溶液中，将斜率补偿调节旋钮向右轻旋到底（即将斜率调至最大），然后调节定位调节旋钮，使仪器显示的读数与该缓冲溶液当时温度下的 pH 值相同。

②再将电极洗净、吸干，插入 pH＝4.00（或 pH＝9.18）的标准缓冲溶液中，调节斜率补偿调节旋钮，使仪器显示读数与该缓冲溶液当时温度下的 pH 值相同。

③重复上述步骤，直至不再调节定位和斜率补偿调节旋钮为止。

经上述操作标定后的仪器，温度补偿、定位、斜率补偿等调节旋钮不应再有变动，否则需重新定位。

注意：标定的缓冲溶液第一次应用 pH＝6.86 的溶液，第二次应用接近待测溶液 pH 值的缓冲溶液，如待测溶液为酸性时，则选 pH＝4.00 的缓冲溶液；如待测溶液为碱性溶液时，则选 pH＝9.18 的缓冲溶液。一般情况下，在 24 h 内仪器不需再标定。

3）pH 值测量

把电极洗净、吸干后插入待测溶液中，摇动烧杯，使溶液混合均匀，显示器上显示出待测溶液的 pH 值。测量完毕后，将电极洗净、吸干后插入保护液中。

4）测量电极电势

（1）将离子选择电极或金属电极和甘汞电极洗净、吸干后夹在电极架上。

（2）首先把电极转换器的插头插入仪器后部的测量电极插座内，然后将离子电极的插头插入转换器的插座内，再把甘汞电极接入仪器后部的参比电极接口上。

（3）置选择旋钮于“mV”挡，此时温度补偿、定位、斜率补偿等调节旋钮均不起作用，把两支电极同时插入待测溶液中，将溶液搅拌均匀后，即可在显示屏上读出该离子选择电极的电极电势（mV），显示屏上还会自动显示正负极性。

5）使用和维护注意事项

（1）复合电极的敏感部位是下端的玻璃球泡，应避免玻璃球泡与硬物接触，任何破损和擦毛都会使电极失效。

（2）电极在测量前必须用已知 pH 值的标准缓冲溶液进行电位校准，为取得正确的结果，标准缓冲溶液的 pH 值必须可靠，而且其 pH 值越接近待测值越好。

(3) 仪器经过标定后，在使用过程中一定不要动温度补偿、定位和斜率补偿等调节旋钮，以免仪器内设定的数据发生变化。

(4) 测量完毕后，将不用的电极插入保护套中，套内应补充饱和 KCl 溶液，以保持电极球泡的湿润。

(5) 应避免将电极长期浸泡在蒸馏水、蛋白质和酸性氟化物等溶液中，并防止和有机硅油脂接触。

(6) 电极的引出端必须保持清洁、干燥，防止两输出端短路，否则将导致测量结果不准确。

实验六　电导率仪的使用

一、实验目的

了解电导率仪的基本构造、熟悉电导率仪的使用规则。

二、实验用品

仪器：电导率仪、烧杯。

试剂：KCl饱和溶液。

三、基本操作

1. 测量原理

导体导电能力的大小常以电阻(R)或电导(G)表示，电导是电阻的倒数：

$$G=\frac{1}{R} \tag{6-1}$$

电阻、电导的SI单位分别是欧姆(Ω)、西门子(S)，显然 $1S=1\Omega^{-1}$。

导体的电阻与其长度(L)成正比，而与其截面积(A)成反比：

$$R\propto\frac{L}{A}\qquad\qquad R=\overline{R}\,\frac{L}{A}$$

式中：$\overline{R}$ 为比例常数，称电阻率或比电阻。根据电导与电阻的关系，容易得出

$$G=\kappa\frac{A}{L}\quad 或\quad \kappa=G\frac{L}{A} \tag{6-2}$$

κ 称为电导率，是长为1 m、截面积为1 m^2 导体的电导，SI单位是西门子每米，用符号S/m表示。对于电解质溶液来说，电导率是电极面积为1 m^2，且两极相距1 m时溶液的电导。

电解质溶液的摩尔电导率(Λ_m)是指把含有1 mol的电解质溶液置于相距为1 m的两个电极之间的电导。溶液的浓度为 c，通常用mol/L表示，则含有1 mol电解质溶液体积为 $\frac{1}{c}L$ 或 $\frac{1}{c}\times10^{-3}$ m^3，此时溶液的摩尔电导率等于电导率和溶液体积的乘积：

$$\Lambda_m=\kappa\times\frac{10^{-3}}{c} \tag{6-3}$$

摩尔电导率的单位是 $S\cdot m^2/mol$，用式(6-3)计算得到。

测定电导率的方法是用两个电极插入溶液，测出两极间的电阻 R_x。对于一个电极而言，电极面积 A 与间距 L 都是固定不变的，因此 L/A 是常数，其单位为Ω。根据式

(6-1)和式(6-2)得

$$\kappa = \frac{Q}{R_x} \tag{6-4}$$

由于电导的单位西门子太大，常用毫西门子(mS)、微西门子(μS)表示。它们间的关系是

$$1\ \text{S} = 10^3\ \text{mS} = 10^6\ \mu\text{S}$$

电导率的测量原理如图 6-1 所示。

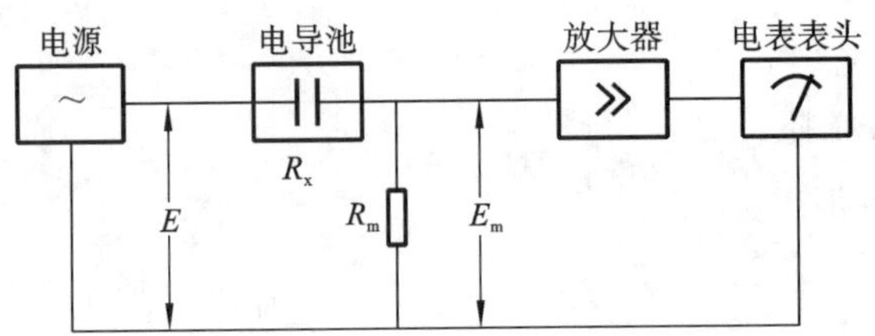

图 6-1　DDS-11A 型电导率仪测量原理图

由图 6-1 所示的电路，有

$$E_m = \frac{ER_m}{R_m + R_x} = \frac{ER_m}{R_m + \dfrac{Q}{\kappa}} \tag{6-5}$$

式中：R_x为液体电阻；R_m为分压电阻。

由式(6-5)可见，当 E、R_x和 Q 均为常数时，电导率 κ 的变化必将引起 E_m相应的变化，所以测量 E_m的大小，也就测得了溶液电导率的数值。

2. DDS-307 型电导率仪

DDS-307 型电导率仪基本结构如图 6-2 所示。

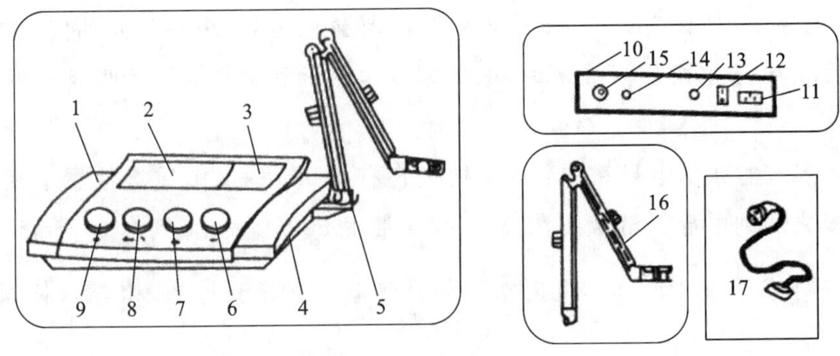

图 6-2　DDS-307 型电导率仪结构

1—机箱盖；2—显示屏；3—面板；4—机箱底；5—多功能电极架；6—温度补偿调节旋钮；7—校准调节旋钮；8—常数补偿调节旋钮；9—量程选择开关旋钮；10—仪器后面板；11—电源插座；12—电源开关；13—保险丝管座；14—输出插口；15—电极插座；16—多功能电极架；17—电源线

DDS-307 型电导率仪使用方法如下。

1）开机

电源线 17 插入仪器电源插座 11，仪器必须有良好接地。打开电源开关 12，接通电源，预热 30 min。

2）校准

仪器使用前必须进行校准！将选择开关旋钮 9 指向“检查”，常数补偿调节旋钮 8 指向“1”刻度线，温度补偿调节旋钮 6 指向“25”刻度线，调节校准调节旋钮 7，使仪器显示 100.0 μS/cm，至此校准完毕。

3）测量

（1）在电导率测量过程中，正确选择电极常数对获得较高的测量精度是非常重要的。应根据测量范围参照表（见表 6-1），选择不同电极常数的电导电极。

表 6-1　电导电极的选择

测量范围/（μS/cm）	推荐使用的电极常数的电极
0～2	0.01，0.1
0～200	0.1，1.0
200～2000	1.0
2000～20000	1.0，10
20000～100000	10

注：电极常数为 1.0/10 类型的电导电极有“光亮”和“铂黑”两种，镀铂电极习惯称为铂黑电极，光亮电极测量范围以在 0～300 μS/cm 为宜。

（2）电极常数的设置方法。

目前电导电极的电极常数有 0.01、0.1、1.0、10 四种不同类型，每支电极具体的电极常数值，制造厂均粘贴在每支电导电极上，可根据电极上所标的电极常数值，调节仪器面板常数补偿调节旋钮 8 到相应的位置。

①将选择开关旋钮 9 指向“检查”，温度补偿调节旋钮 6 指向 25 刻度线，调节校准调节旋钮 7，使仪器显示 100.0 μS/cm。

②调节常数补偿调节旋钮 8，使仪器显示值与电极上所标示数值一致。

例如，当电极常数为 0.01025 cm^{-1} 时，调节常数补偿调节旋钮 8，使仪器显示值为 102.5（测量值＝显示值×0.01）；当电极常数为 0.1025 cm^{-1} 时，调节常数补偿调节旋钮 8，使仪器显示值为 102.5（测量值＝显示值×0.1）；当电极常数为 1.025 cm^{-1} 时，调节常数补偿调节旋钮 8，使仪器显示值为 102.5（测量值＝显示值×1）；当电极常数为 10.25 cm^{-1} 时，调节常数补偿调节旋钮 8，使仪器显示值为 102.5（测量值＝显示值×10）。

（3）温度补偿的设置。

调节仪器面板上的温度补偿调节旋钮 6，使其指向待测溶液的实际温度值，此时测量得到的将是待测溶液经过温度补偿后折算为 25 ℃下的电导率值。

如果将温度补偿调节旋钮 6 指向“25”刻度线，那么测量的将是待测溶液在该温度下未经补偿的原始电导率值。

(4) 常数、温度补偿设置完毕，应将选择开关旋钮 9(见表 6-2)置于合适位置。

表 6-2　选择开关旋钮的位置

序　号	选择开关位置	量程范围/(μS/cm)	被测电导率/(μS/cm)
1	Ⅰ	0～20.0	显示读数×C
2	Ⅱ	20.0～200.0	显示读数×C
3	Ⅲ	200.0～2000	显示读数×C
4	Ⅳ	2000～20000	显示读数×C

注：C为电导电极常数值。

在测量过程中，若显示值熄灭，说明测量值超出量程范围。此时，应切换选择开关旋钮 9 至上一档量程。

例如，当电极常数为 0.01 时，$C=0.01$；当电极常数为 0.1 时，$C=0.1$；当电极常数为1.0时，$C=1.0$；当电极常数为 10 时，$C=10$。

4) 注意事项

(1) 在测量高纯水时应避免污染，正确选择电极常数的电导电极最好采用密封、流动的测量方式。

(2) 因温度补偿系采用固定的 2%的温度系数补偿，故对高纯水测量尽量采用不补偿方式进行，测量后查表。

(3) 为确保测量精度，电极使用前用 0.5 μS/cm 的去离子水或蒸馏水冲洗两次，然后用被测试样冲洗后方可测量。

(4) 电极插头座绝对不能受潮，以免造成不必要的测量误差。

(5) 电极应定期进行常数标定。

5) 电导电极的清洗与储存

(1) 光亮的铂电极，必须储存在干燥的地方。镀铂黑的铂电极不允许干放，必须储存在蒸馏水中。

(2) 电导电极的清洗：用含有洗涤剂的温水可以清洗电极上的有机成分玷污，也可以用酒精清洗；钙、镁沉淀物最好用 10%柠檬酸洗涤；光亮的铂电极，可以用软刷子机械清洗，但在电极表面不可以产生划痕；对于镀铂黑的铂电极，只能用化学方法清洗，用软刷子清洗会破坏镀在电极表面的镀层(铂黑)，化学方法清洗可以再生被损坏或被轻度污染的铂黑层。

实验七　分光光度计的使用

一、实验目的

了解分光光度计的基本构造、熟悉分光光度计的使用规则。

二、实验用品

仪器:721 型分光光度计,容量瓶,移液管、烧杯、玻棒。

三、基本操作

当一束波长一定的单色光通过有色溶液时:一部分光被溶液吸收,另一部分光透过溶液。对光被溶液吸收和透过的程度,通常有两种表示方法:一种是用透光率 T 表示。即透过光的强度 I_t 与入射光的强度 I_0 之比:

$$T = \frac{I_t}{I_0}$$

另一种是用吸光度 A(又称消光度,光密度)来表示,它是取透光率的负对数。即

$$A = -\lg T = \lg \frac{I_0}{I_t}$$

其中,A 值越大,表示光被有色溶液吸收的程度越大;反之 A 值越小,光被溶液吸收的程度越小。实验结果证明:有色溶液对光的吸收程度与溶液的浓度 c 和光穿过的液层厚度 l 的乘积成正比。这一规律称作朗伯—比耳定律:

$$A = \varepsilon c l$$

式中:ε 是消光系数(或吸光系数)。当温度和波长一定时,它是有色物质的一个特征常数。当入射光的波长、消光系数和溶液层的厚度一定时,吸光度与溶液的浓度成正比。

单色光通过待测溶液,并使通过光射在光电池上变为电信号,在检流计上可直接读出吸光度。

有色物质对光的吸收有选择性,通常用光的吸收曲线来描述。将不同波长的光依次通过一定浓度的有色溶液,分别测定吸光度。以波长为横坐标、吸光度为纵坐标作图,所得曲线为光的吸收曲线,如图 7-1 所示。当单色光的波长为最大吸收峰处的波长时,称为最大吸收波长 λ_{max}。选最大吸收波长进行测量,光的吸收程度最大,测定的灵敏度和准确度最高。

在测定样品前,首先要绘制工作曲线,即在与样品测定相同的条件下,测量一系列

已知准确浓度的标准溶液的吸光度，做出横坐标为浓度、纵坐标为吸光度的曲线，即工作曲线，如图 7-2 所示。测出样品的吸光度后，就可以从工作曲线上求出其浓度。

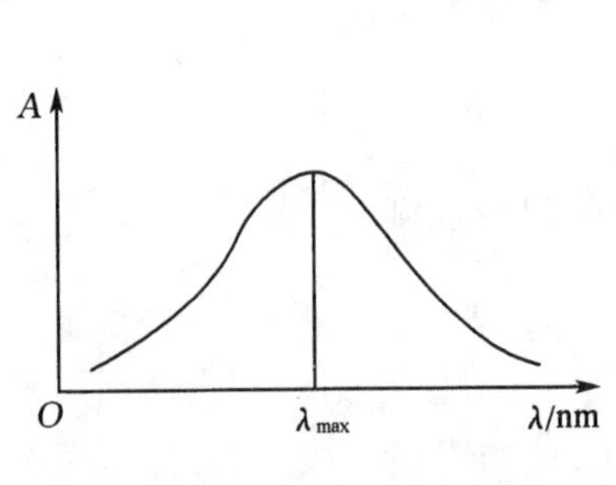

图 7-1 吸光度-波长

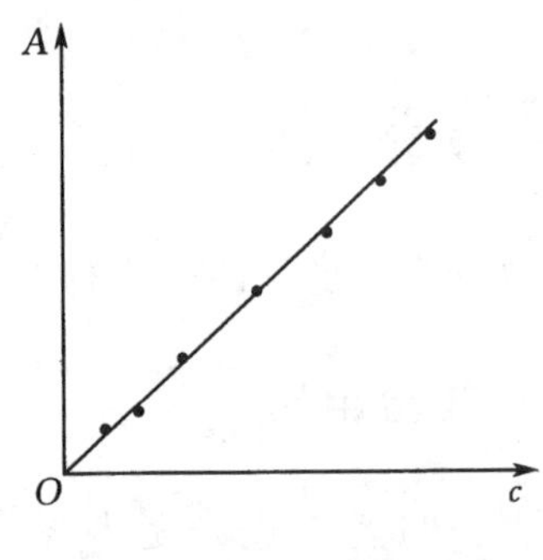

图 7-2 工作曲线

1. 721 型分光光度计的结构

分光光度计是根据物质对光的选择吸收来测量微量物质浓度的仪器。721 型分光光度计是在可见光范围内进行比色分析的常用仪器，允许测量的波长范围为 360～800 nm，它的结构简单，测量的灵敏度和准确度较高，应用比较广泛。

721 型分光光度计由光源灯、单色器、入射光和出射光调节器、光电管等几个部分组成。721 型分光光度计的光学系统如图 7-3 所示。

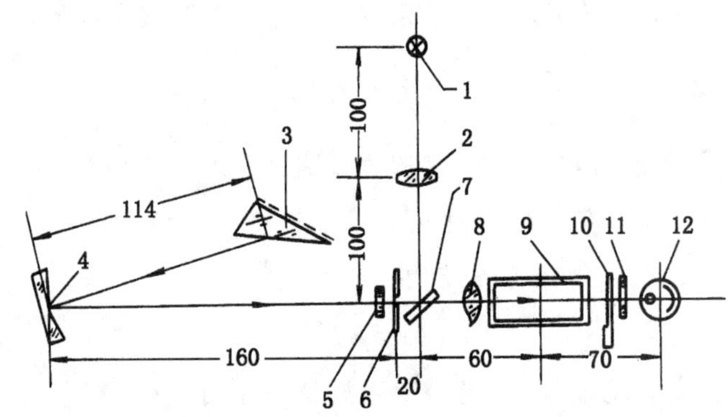

图 7-3 分光光度计的光学系统

1—光源灯；2—聚光透镜；3—色散棱镜；4—准直镜；5—保护玻璃；6—狭缝；7—反射镜；8—聚光透镜；9—比色皿；10—光门；11—保护玻璃；12—光电管

由光源灯发出的连续辐射光线，射到聚光透镜上，会聚后再经过平面镜转角 90°，反射至入射狭缝，由此射到单色光器内，狭缝正好位于球面准直镜的焦面上。当入射光线经过准直镜反射后，就以一束平行光射向棱镜（该棱镜的背面镀铝）进行色散，入射角处于最小偏向角，入射光在铝面上反射后是依原路稍微偏转一个角度反射回来。这样从棱镜色散后出来的光线再经准直镜反射后，就会聚在出光狭缝上，再通过聚光镜后进入比色皿，单色光一部分被吸收，透过的光进入光电管，光电池将光转化为电流，经放大后，微安计指示出吸光度。镀铝反射镜和透镜装在一个可旋转的转盘上，旋转角度由波长调节器上的凸轮带动，旋转转盘就可以在光狭缝后面得到所需波长的单色光。

比色皿亦称吸收池，在可见光区测定，可用无色透明、能耐腐蚀的玻璃比色皿，大多数仪器都配有液层厚度为0.5 cm、1 cm、2 cm、3 cm等的一套长方形或圆柱形比色皿，同样厚度比色皿之间的透光率相差应小于0.5%。为减少入射光的反射损失和造成光程差，应注意比色皿放置的位置，使其透光面垂直于光束方向。

仪器的面板图如图7-4所示。

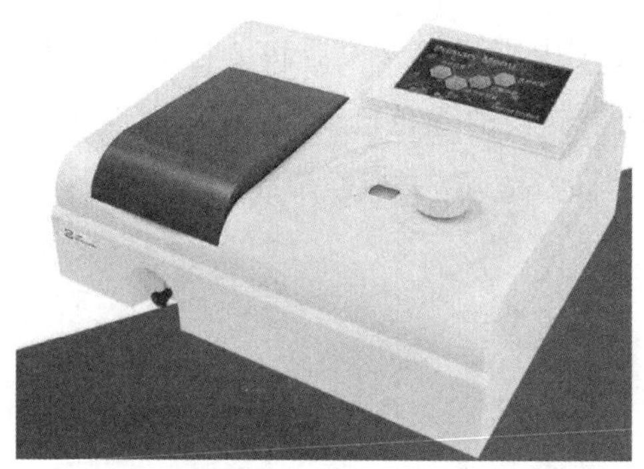

图7-4　721型分光光度计的面板

2. 操作步骤

(1) 使用本仪器前，应了解仪器的工作原理和各个操作旋钮之功能。

(2) 接通仪器的电源，打开电源开关，指示灯即亮。打开比色皿暗箱盖，预热20 min。

(3) 波长选择旋钮，选择所需用的单色波长，旋转灵敏度旋钮，选择所需用的灵敏度。

(4) 放入盛装蒸馏水的比色皿，调节零电位器，使微安表头指"0"，然后将比色皿暗箱盖合上，推进比色皿拉杆，使比色皿处于校正位置，使光电管受光。旋转透光率调节旋钮，使微安表指针处于"100%"处。

(5) 连续几次调"0"和"100%"，仪器即可开始测定样品。

(6) 将装有待测液的比色皿推入光路，此时微安表头所指的吸光读数，即为该溶液的吸光度。

3. 注意事项

(1) 测定时，比色皿要用少量被测液淋洗2～3次，避免被测液浓度改变。

(2) 要用柔软的吸水纸将附着在比色皿外表面的液迹擦干。擦时应注意保护其透光面，勿使之产生划痕。拿比色皿时，手指只能捏住毛玻璃的两面。

(3) 比色皿放入比色皿架内时,应注意它们的位置,尽量使它们前后一致,减小测量误差。

(4) 为了防止光电管疲劳,在不测定时,应经常使暗箱盖处于启开位置。连续使用仪器的时间一般不应超过两小时,最好是间歇半小时后,再继续使用。

(5) 测定时,应尽量使吸光度在 0.1～0.65 之间进行,这样可以得到较高的准确度。

(6) 比色皿使用过后,要及时洗净,并用蒸馏水淋洗,倒置晾干后存放在比色皿盒内。

(7) 仪器不能受潮,使用中应注意放大器和单色器上的两个硅胶干燥筒(在仪器底部)里的硅胶是否变色,如果硅胶的颜色已变红,应立即取出更换。

(8) 在搬动或移动仪器时,应小心轻放。

实验八　溶液的配制

一、实验目的

掌握一般溶液的配制方法和基本操作。熟悉粗配溶液和精确配制溶液的仪器。学习移液管、容量瓶及相对密度计的使用方法。巩固天平称量操作。

二、实验用品

仪器：电子天平、烧杯、量筒、移液管(25 mL)、容量瓶(50 mL、250 mL)、吸量管(5 mL)、洗耳球、称量纸。

试剂：NaCl、$H_2C_2O_4 \cdot 2H_2O$、NaOH、HCl(浓)、H_2SO_4(浓)、HAc(2.00 mol/L)。

三、基本操作

1. 量筒(杯)的使用

量筒是常用液体体积的量具。根据不同需要有不同规格，如 5 mL、10 mL、100 mL、1000 mL 等。实验中可根据所量取液体的体积不同来选用不同规格的量筒。量取液体时，应左手持量筒，并以大拇指指示所需体积的刻度处，右手持试剂瓶(试剂瓶标签应对手心)，瓶口紧靠量筒口边缘，慢慢注入液体至所需刻度，读取刻度时应手拿量筒上部无刻度处，让量筒竖直(或将其平放桌上)，使视线与量筒内液面的弯月形最低处相切(保持水平)。偏高或偏低都会造成误差。

在有此实验中，液体的量取不要求十分准确，可不必每次都用量筒，而用估计取液的方法。例如，2 mL 液体占试管容量的几分之几，滴管取多少滴为 1 mL 等。

2. 移液管和吸量管的使用

移液管和吸量管都是准确量取定体积液体的仪器。二者的区别是移液管只有单刻度，只能量取整数体积的液体，可以量取的容量较大，常用的有 10 mL、25 mL、50 mL 等规格。而吸量管(又叫刻度吸管)是有分刻度的内径均匀的玻璃尖嘴管，常用的有 10 mL、5 mL、2 mL、1 mL 等规格，可以量取非整数的小体积的液体。

使用前，应依次用洗液、自来水蒸馏水洗至内部不挂水珠，再用滤纸将尖端内外的水吸去(防止管内残留的蒸馏水稀释被取液造成误差)，最后用少量被量取的液体洗2～3 遍。

吸取溶液时，一般用左手拿洗耳球，右手拇指和中指拿住管颈标线以上部位，使管

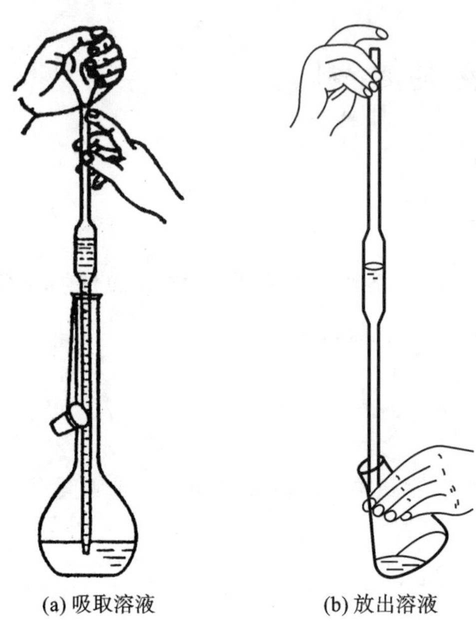

图 8-1　移液管的使用

的下端伸入液面下约 1 cm(不可太深和太浅。太深,管外壁黏液过多;太浅,液面下降后易吸入空气)。左手将洗耳球内空气排出,将洗耳球尖端对准移液管口,慢慢松左手,使溶液吸入管内,眼睛注意管内液面上升情况,同时将移管随溶液液面的下降而下伸,如图 8-1(a)所示。当管内液面上升到标线以上时,移去洗耳球,迅速用右手食指按紧管口(不能用大拇指)。将移液管从溶液中取出,管的尖端仍靠在容器内壁上,稍微放松食指,用拇指和中指轻轻捻转管身,使液面平稳下降,直至溶液的弯月面与标线相切时,迅速用食指压紧管口,使溶液不再流出。将移液管移入承接溶液的容器中,使承接容器倾斜,而移液管垂直,管的尖嘴靠在承接容器的内壁,松开食指,使管内溶液自然地全部沿器壁流下,如图 8-2(b)所示。待液流尽后等 10～15 s,取出移液管。注意。如果移液管上未标有"吹"字,则残留在移液管尖端的落液不要吹出,也不要用外力使之流出,因标定移液管时也没有放出此少量残液。

吸量管的操作与移液管相同。只是有些小容量的吸量管(如 0.5 mL、0.1 mL),管口标有"吹"字,使用时末端残留液必须吹出,不允许保留。

3. 容量瓶的使用

容量瓶是一种细颈梨形的平底玻璃瓶:带有磨口塞子,是用来精确配制一定体积和一定浓度溶液的量器,瓶颈上刻有标线,一般表示在 20 ℃时,溶液到标线(溶液弯月面最低点与刻线相切)时的体积。容量瓶在使用前要检查是否漏水,其方法是:将瓶中加水至刻线附近盖好塞子,左手按紧塞子,右手移液管的使用拿住瓶底,将瓶倒立片刻,观察瓶塞周围有无渗水现象。不漏水时,方可使用。按常规操作(洗液、自来水、蒸馏水)将容量瓶洗净。为避免塞子被调换(瓶和塞是配套的,调换就可能漏水)或被打碎,应用细绳或橡皮筋把塞子系在瓶颈上。

如果用固体物质配制一定体积的准确浓度的溶液,应先将准确称取的固体物质放一洁净的小烧杯中,加入少量蒸馏水,搅拌使其溶解。然后将溶液定量转移到预先洗净的容量瓶中,转移溶液的方法如图 8-2(a)所示:一手拿玻璃棒,将玻璃棒插入瓶中;一手拿烧杯,让烧杯嘴紧贴玻璃棒,慢慢倾斜烧杯使溶液沿玻璃棒流下,倾完溶液后,将烧杯沿玻璃棒轻轻上提，同时将烧杯直立，使附在玻璃棒和烧杯嘴之间的液滴回到烧杯中。再用洗瓶以少量蒸馏水冲洗烧杯 3～4 次，洗涤液全部转入容量瓶中（此即溶液的定量转移）。然后加蒸馏水稀释至容积 2/3 处时，直立旋摇容量瓶，使溶液初步混合（但此时切勿加塞倒转容量瓶）。继续加水稀释至接近标线下 1 cm 处时，等 1～2 min，使附在瓶颈上的水流下，然后用滴管或洗瓶逐滴加水至弯月面最低点与刻线相切，盖好瓶塞，用食指压住瓶塞，另一只手托住容量瓶底部如图 8-2(b)所示，倒转容量瓶，待气泡上升到顶部，将瓶摇动。如此反复多次，使瓶内溶液充分摇匀如图 8-2(c)所示。最后将瓶直立，轻轻地开启一下瓶塞，稍停片刻后再将其盖好。

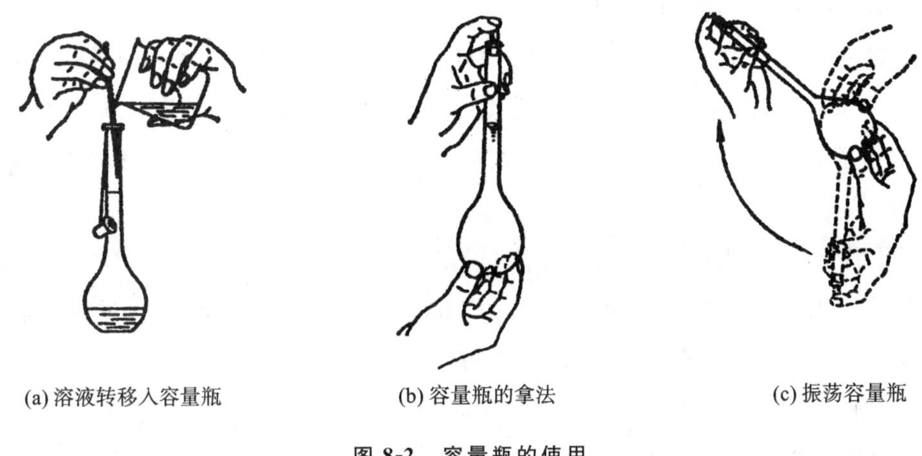

(a) 溶液转移入容量瓶　(b) 容量瓶的拿法　(c) 振荡容量瓶

图 8-2 容量瓶的使用

如果是准确稀释落液，则用吸管移取一定体积浓溶液，放入适当的容量瓶中，按上述方法冲稀至刻线，摇匀。

注意：容量瓶是量器，而不是容器，不宜长期存放溶液，配好的溶液应转移到试剂瓶中贮存（为了保证溶液浓度不变，试剂瓶应先用少量溶液洗 2～3 遍，并贴好标签）。容量瓶用后应立即洗净，在瓶口与塞之间垫上纸片，以防下次用时不易打开瓶塞。

容量瓶不能加热，也不能在容量瓶里盛放热溶液，如固体是经过加热溶解的，则溶液必须冷至室温后，才能转入容量瓶。

此外，容量仪器的规格是以最大容量标志的①，并标有使用温度。

四、实验内容

1. 粗配溶液

（1）配制 2 mol/L NaOH 溶液 50 mL。

---

① 容量器皿上常注明两种符号：一种为“正”表示为“量入”容器；另一种为“A”，表示“量出”容器。同一容量器皿（如容量瓶）的量入刻度在量出刻度的下方。一般常用的为量入式，使用时应注意区别。

（2）配制 2 mol/L HCl 溶液 50 mL。

（3）配制 2 mol/L H_2SO_4 溶液 50 mL。

先计算出所需浓 H_2SO_4（相对密度 1.84，浓度 98%）和水的用量，用量筒将所需蒸馏水的大部分加到烧杯中，再用小量筒量取所需的浓 H_2SO_4，然后将浓 H_2SO_4 慢慢加到水中，边加边搅拌，再用剩余的水分次洗涤量筒，一并倒入烧杯中。冷却后，将溶液倒入量筒中（观察混合后体积发生什么变化？）然后用滴管加水至 50 mL 的刻度即可，配好后用相对密度计测定此溶液的相对密度①，然后将溶液倒入回收瓶，备用。

2. 精配溶液

（1）准确配置 250 mL 草酸溶液。

用减量法准确称取一定量 $H_2C_2O_4 \cdot 2H_2O$（分析纯）试样于 100 mL 烧杯中，用适量蒸馏水溶解后，按基本操作所述将草酸定量转入 250 mL 容量瓶中，最后用滴管慢慢滴加蒸馏水至刻度线，摇匀。然后倒入试剂瓶中（有何要求？），计算出该标准溶液的浓度，贴好标签备用。

（2）用稀释法配制 1.000 mol/L 的 HAc 溶液。

用移液管吸取已知浓度 2.00 mol/L 的 HAc 溶液 25 mL，放入 50 mL 容量瓶中，用蒸馏水稀释至刻度线，摇匀后倒入试剂瓶中，贴好标签备用。

（3）配制 0.100 mol/L NaCl 溶液 50.00 mL。

（4）用稀释法配制 0.200 mol/L HAc 溶液 50.00 mL。

五、思考题

（1）稀释浓硫酸应如何操作，为什么？

（2）用容量瓶配溶液时，要不要先把容量瓶干燥？要不要用被稀释溶液洗三遍？为什么？

（3）用容量瓶稀释溶液时，能否用量筒取浓溶液？

（4）用移液管移取液体前，为什么要用被取液洗涤？

（5）使用相对密度计时应注意什么？

附注：

相对密度计（比重计）的使用。

比重的正确叫法为相对密度，因此，比重计也应称为相对密度。

顾名思义，相对密度计是用来测定溶液相对密度的仪器。它是一只中间空的玻璃浮柱，上部有标线，下部为一重锤，内装铅粒，通常分为两种，一种是用于测量相对密度

① 测定相对密度时，应把几个人所配硫酸溶液倒入 250 mL 量筒，再在此量筒中测定相对密度。

大于 1 的液体，称作重表：另一种是用于测量相对密度小于 1 的液体，称作轻表。

测定液体的相对密度时，将欲测液体注入大量筒中，将清洁干燥的相对密度计轻轻放入待测液体内，等其平稳浮起时，才能放开手。当其不再在液面上摇动而且不与器壁相碰时，即可读数。其刻度从上而下增大，一般可读准至小数点后第三位。

有些相对密度计有两行刻度，一行是相对密度 d，一行是波美度(Be)b。二者换算公式为

重表：　$d=145/145-b$　或　$b=145-\frac{145}{d}$

轻表：　$d=145/145+b$　或　$b=\frac{145}{d}-145$

相对密度计用完要洗净，擦干，放回盆内。精密相对密度计盒内装有若干支成套相对密度计，每支都有一定的测量范围，可根据溶液相对密度不同而选用不同量程的相对密度计。还应注意：待测液体要有足够深度，放平稳后再松手，否则相对密度计有可能会撞到容器底部而破损，另外使用时也不要甩动相对密度计，以免损坏。

实验九 酸碱滴定

一、实验目的

通过氧氧化钠溶液和盐酸溶液浓度的测定，练习滴定操作，掌握酸碱滴定原理，学习滴定管的使用方法；巩固移液管的使用。

二、实验用品

仪器：滴定管（酸式、碱式均为 50 mL）、移液管（25 mL）、锥形瓶（250 mL）、铁架台、滴定管夹、洗瓶、洗耳球。

试剂：草酸标准溶液、HCl（0.1 mol/L）、NaOH（0.1 mol/L）、酚酞溶液、甲基橙溶液。

三、实验原理

酸碱滴定是利用酸碱中和反应测定酸或碱浓度的一种定量分析方法，而中和反应的实质是

$$H^+ + OH^- = H_2O$$

当反应到达终点时，根据酸给出质子的物质的量与碱接受质子的物质的量相等的原则可求出酸或碱的物质的量浓度。

酸碱滴定的终点是借助指示剂的颜色变化来确定，一般强碱滴定强酸或强碱滴定弱酸，常用酚酞为指示剂；而用强酸滴定强碱或强酸滴定弱碱时，常用甲基橙为指示剂。

四、基本操作

滴定管是具有精确刻度而内径均匀的细长玻璃管。它主要在定量分析中的滴定作用，有时也用于精确取液。通常滴定管的容量为 25.00 mL 或 50.00 mL，最小刻度为 0.10 mL，读数可估计到 0.01 mL。

滴定管分为酸式和碱式两种。除碱性溶液应该用碱式滴定管盛放以外，其他溶液均使用酸式滴定管。酸式滴定管下端有玻璃旋塞用来控制溶液的流速。碱式滴定管下端用一段装有一玻璃珠的乳胶管控制液体流出。其使用方法介绍如下。

1. 用前检查

滴定管在使用前应检查是否漏水及操作是否灵活。碱管漏水或挤压玻璃珠吃力时，需更换玻璃珠或乳胶管。而酸管如有漏水或旋塞转动不灵活时，要将旋塞取出，擦

净旋塞及塞槽，然后在旋塞柄一端和塞槽的小孔一端分别涂一薄层凡士林（注意：不要太多，也不能太少。太多易堵旋塞小孔或滴定管下端尖嘴，太少则转动不灵活或仍漏水），将旋塞插入塞槽中，沿同一方向转动旋塞，直到从外面观察均匀透明为止。如果旋转仍不灵或出现纹路，表示涂油不够；如果有凡士林溢出或被挤入塞孔，表示涂油太多。凡出现上述情况，均应将旋塞取出擦净，重新涂凡士林油，然后再检查是否漏液。最后，重把橡皮圈套在旋塞两端，以防使用时旋塞脱出造成漏液甚至打碎旋塞。

因涂油不当，而造成旋塞孔出口管孔被堵住，需要及时进行清除。若旋塞孔被堵，可把旋塞取出用细金属丝捅出；若是出水管小孔被堵，也可用细金属丝捅出。还可以用水充满全管，然后将出口管浸在热水中温热片刻后，打开旋塞，使管内的水突然冲下，可将熔化的油带出，也可用有机溶剂如氯仿或四氯化碳等浸溶。

2．洗涤

滴定管在装液前需要洗涤，其洗涤方法与洗涤移液管相似。应该注意的是，用洗液洗酸时，应先关闭旋塞，而洗碱管时，应将下端带有玻璃珠的乳胶管取下，套上一个胶头或一头用一段玻璃棒堵死的一小段胶管。再将洗液由滴定管上口倒，浸泡至内壁全部被洗液浸润，然后将洗液倒回原瓶，冲洗干净。装液前用滴定用溶液淋洗 3 次。

3．装液

关闭酸管的旋塞，将溶液直接从试剂瓶倒入滴定管中（不得借用漏斗、烧杯等其他容器，以免引杂质或改变浓度），至刻度“0.00”以上。开启旋塞或挤压玻璃珠，驱逐出滴定管下端的气泡。酸管可将管稍微倾斜（约 30°），开启旋塞气泡可随溶液带出。首先，碱管可将胶管稍向上弯曲，挤压玻璃珠稍上方部位，使溶液从管尖喷出，带出气泡（见图 9-1）。然后，边挤压玻璃珠边将胶管放直。最后，将多余的溶液放出（不满的装满），调节管内液面在“0.00”刻度附近，稍等 1～2 min，待液面位置无变化时，调节液面在“0.00”刻度处。

图 9-1　碱式滴定管排气泡

4．滴定

将滴定管夹在滴定管夹上，用右手持锥形瓶颈部。使用酸管时，左手的大拇指在前，食指和中指在后控制旋塞，无名指和小指抵住滴定管，手心悬空，防止顶出旋塞造成漏液（见图 9-2）。滴定时，滴定管尖嘴伸入锥形瓶口的 1～2 cm，瓶底下放一块白瓷板或衬一白纸（用滴定台时则不必放），以便于更清楚地观察滴定过程的颜色变化。慢慢开启旋塞，旋转同时稍向里用力，以使旋塞和塞槽保持密合。控制旋塞使溶液滴入锥形瓶，同时右手不断向一个方向旋摇锥形瓶（做圆周运动），使溶液混合均匀。不要前后振动，以防溶液溅出（见图 9-3(a)）。

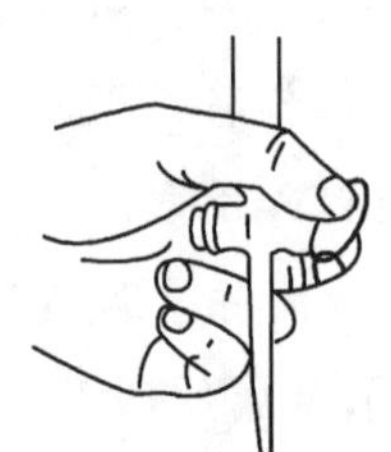
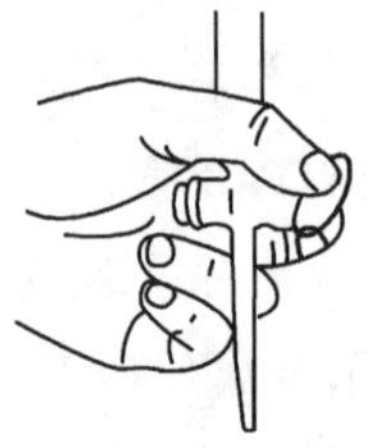

图 9-2　左手控制旋塞的方法

(a) 酸管滴定操作

(b) 碱管滴定操作

图 9-3　滴定操作

操作碱管时，用左手拇指在前，食指在后，轻轻向一边挤压玻璃珠外稍上方的胶管，使胶管与玻璃珠之间形成一条缝隙，溶液即可流出。注意，不要挤压玻璃珠下方的胶管，以防松开手时空气泡进入尖嘴管（见图 9-3(b)）。

开始滴定时，液滴流速可稍快些。要学会控制流速的三种方法，即连续式滴加、间歇式滴加和液滴悬而不落（半滴半滴地加）。接近终点时（此时液滴周围颜色消失较慢），应逐滴加入并把溶液摇匀，观察颜色变化。最后半滴半滴地加入，即控制溶液在尖嘴处悬而不落用锥形瓶内壁靠下悬液，用洗瓶冲洗锥形瓶内壁，摇匀，如此反复操作，直到颜色突变后不再消失为止即达滴定终点。稍等片刻后，读出此时数据。

5. 读数

滴定管读数不准是滴定误差的主要原因之一。因此在滴定前就应先进行读数练习。将装满溶液的滴定管垂直地夹在滴定管夹上，由于附着力和内聚力的作用，滴定管内的液面呈弯月形。无色水溶液的液面比较清晰，而有色溶液的弯月面清晰度较差。因此，两种情况的读数方法稍有不同。读数时应遵循下列原则。

(1) 读数时应让滴定管垂直放置，注入溶液或放出溶液后，需等 1 min 后才能读数。

(2) 无色及浅色溶液，应读弯月面下缘实线的最低点。读数时视线应与弯月面下缘实线最低点在同水平线上，如图 9-4(a)所示。有色溶液，如高锰酸钾碘水溶液等，视线应与液面两侧的最高点相切，如图 9-4(b)所示。

(3) 为了读数准确，还可使用读数卡（用黑纸或用中间涂有黑长方形（约 3×1.5 cm）的白纸制成）。读数时，将卡放在管的背后，使黑色部分在弯月面下面约 1 mm 处，使弯月面的反射层成为黑色，然后读取黑色弯月面下缘最低点的刻度。如图 9-4(c)所示，读数必须读到小数点后第二位，而且要估计到 0.01 mL。

滴定结束后将管内溶液倒出，如果继续使用，则将管内装满蒸馏水，用小烧杯或纸筒将滴定管上口罩好。如不再继续使用，则应将滴定管洗净，酸管取下旋塞擦净后在塞和槽之间垫上纸条，以防旋塞和槽粘在一起。

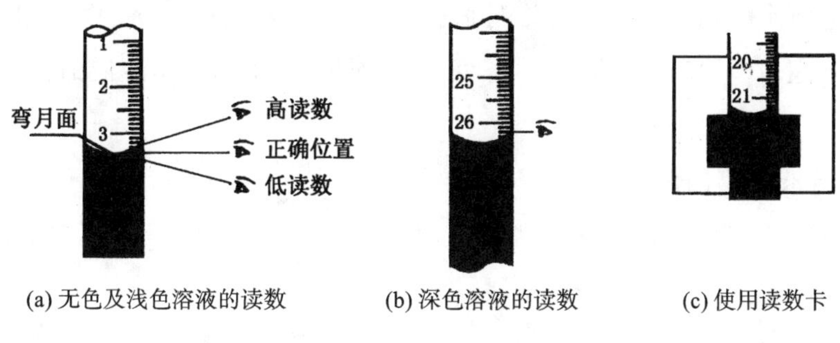

(a) 无色及浅色溶液的读数　　(b) 深色溶液的读数　　(c) 使用读数卡

图 9-4　滴定管读数

五、实验内容

1. 氢氧化钠溶液浓度的标定

配制草酸标准溶液(实验八配制 $c(H_2C_2O_4)=$ ________ mol/L)标定[①]氢氧化钠溶液的浓度。

(1) 将已洗净的碱管,用 NaOH 溶液淋洗 3 遍,原则是“少量多次”。然后注入 NaOH 溶液至“0.00”刻度以上,赶出胶管和尖嘴内的气泡,调液面在“0.00”刻度处或略低,记下液面的准确读数。

(2) 取一洁净的 25.00 mL 移液管用草酸标准溶液洗 3 遍,吸取 25.00 mL 草酸标准液加到洁净的锥形瓶中(平行取 2～3 份)。然后分别加 2～3 滴酚酞指示剂摇匀。

(3) 将碱液逐滴滴入锥形瓶内,滴定速度先快后慢(但不能形成水流)。当滴至溶液的粉红色消失较慢(已接近终点)时,每加入一滴碱液都要将溶液摇匀。观察粉红色的消失程度,再决定是否还需滴加碱液。最后,半滴半滴地加入碱液至溶液出现粉红色且半分钟后不消失,即为滴定终点,读取碱液用量。记录数据填入表 9-1 中。

表 9-1　数据记录和处理

记录与结果		实验序号		
		1	2	3
标准草酸溶液用量/mL				
NaOH 溶液用量/mL	初读数			
	终读数			
	用量			
测得 NaOH 的浓度/(mol/L)				
NaOH 的平均浓度/(mol/L)				

① 用滴定的方法,利用已知浓度的标准溶液来确定未知溶液的浓度。

重复滴定两次（每次都要装液并调页面至“0.00”刻度处）。三次所用 NaOH 溶液的体积相差不超过 0.05～0.10 mL 时，可取平均值计算 NaOH 溶液的浓度（取四位有效数字）。

2. 盐酸溶液浓度的测定

将已洗净的酸式滴定管用待测盐酸溶液淋洗 2～3 遍，装液至“0.00”刻度以上，赶走气泡，调液面至“0.00”刻度。

用碱式滴定管准确放出 25 mL NaOH 溶液于锥形瓶中，加入 2～3 滴甲基橙指示剂。

将酸液逐滴加入锥形瓶内，同时不断摇动锥形瓶。当瓶内溶液颜色恰好由黄色变为橙色时，再滴入碱液，使溶液变为黄色，然后，再用盐酸滴到橙色。如此反复练习滴定操作和终点观察，最后读取所用酸和碱的用量。记录数据填入表 9-2 中。

表 9-2　数据记录和处理

记录与结果		实验序号		
		1	2	3
NaOH 溶液浓度/(mol/L)				
HCl 溶液的用量/mL	初读数			
	终读数			
	用量			
测得 HCl 的浓度/(mol/L)				
HCl 的平均浓度/(mol/L)				

重复滴定两次。三次计算结果与平均值的相对偏差不大于 5%时，即取平均值为待测盐酸的浓度。

六、思考题

(1) 下列情况对实验结果有何影响？应如何排除？

①滴定完成后，滴定管尖嘴外留有液滴；

②滴定完成后，滴定管尖嘴内留有气泡；

③滴定过程中，锥形瓶内壁上部溅有碱(酸)液。

(2) 同一条件下，取 10.00 mL 盐酸溶液用 NaOH 溶液滴定所得结果与取 25.00 mL 盐酸溶液相比哪个误差大？

(3) 为什么以酚酞为指示剂用碱滴定酸时，达终点后，放置一段时间颜色会消失？

实验十　物质的分离和提纯

一、实验目的

通过氯化钠的提纯实验，练习并掌握溶解、过滤、蒸发、结晶等基本操作。

二、实验用品

仪器：烧杯、量筒、普通漏斗、漏斗架、热滤漏斗、抽气管、吸滤瓶、布氏漏斗、真空泵、三脚架、石棉网、台秤、表面皿、滴液漏斗、广口瓶、铁架台。

试剂：NaCl(粗)；Na_2CO_3(饱和)、$BaCl_2$(1 mol/L、0.2 mol/L)、$Na_2C_2O_4$(饱和)、HCl(6 mol/L)、H_2SO_4(2 mol/L)、NaOH(6 mol/L)、对硝基偶氮间苯二酚(镁试剂)、滤纸。

三、基本操作

1. 固体物质的溶解

将固体物质溶解于某一溶剂时，通常要考虑温度对物质溶解度的影响和实际需要而取用适量溶剂。

1）加热

加热一般可加速溶解过程，应根据物质对热的稳定性选用直接用火加热或用水浴等间接加热方法。

2）搅动

搅动可以使溶解速度加快。用搅拌棒搅动时，应手持搅拌棒并转动手腕使搅拌棒在液体中均匀地转圈，不要用力过猛，不要使搅拌棒碰在器壁上，以免损坏容器。

如果固体颗粒太大不易溶解时，应先在洁净干燥的研钵中将固体研细，研钵中盛放固体的量不要超过其容量的1/3。

2. 固液分离

溶液与沉淀的分离方法有三种：倾析法、过滤法、离心分离法。

1）倾析法

当沉淀的相对密度较大或晶体的颗粒较大，静止后能很快沉降至容器的底部时，常用倾析法进行分离和洗涤。倾析法操作如图10-1所示，即把沉淀上部的溶液倾入另一容器中而使沉淀与溶液分离。如需洗涤沉淀时，可向盛沉淀的容器

图 10-1　倾析法

内加入少量洗涤液，将沉淀和洗涤液充分搅匀。待沉淀沉降到容器的底部后，再用倾析法，倾去溶液。如此反复操作两三遍，能将沉淀洗净。

2）过滤法

过滤是最常用的操作方法之一。当沉淀和溶液经过滤器时，沉淀留在过滤器上，溶液通过过滤器而进入容器中，所得溶液称作滤液。

应考虑各种因素的影响而选用不同的过滤方法。一般溶液的黏度愈小，过滤愈快。通常热的溶液黏度小、易过滤。减压过滤中因产生较大的压强差，故比在常压下过滤得快。过滤器的孔隙大小有不同规格，应根据沉淀颗粒的大小和状态选择。孔隙太大，小颗粒沉淀易透过；孔隙太小，又易被小颗粒沉淀堵塞，使过滤难以继续进行。如果沉淀是胶状的，可在过滤前加热破坏，以免胶状沉淀透过滤纸。

常用的过滤方法有常压过滤（普通过滤）、减压过滤（吸滤）和热过滤三种。

（1）常压过滤。此法最为简单、常用，一般使用玻璃漏斗和滤纸进行。

①滤纸的选择。滤纸有定性和定量两种，除了做沉淀的质量分析外，一般选用定性滤纸。滤纸按孔隙大小分为“快速”“中速”和“慢速”三种；按直径大小分为 7 cm、9 cm、11 cm 等几种。应根据沉淀的性质选择滤纸的类型，细晶形沉淀，应选用“慢速”滤纸；粗晶形沉淀，宜选用“中速”滤纸；胶状沉淀，需选用“快速”滤纸过滤。根据沉淀量的多少选择滤纸的大小，一般要求沉淀的总体积不得超过滤纸锥体高度的 1/3。滤纸的大小还应与漏斗的大小相适应，一般滤纸上沿应低于漏斗上沿约 1 cm。

②漏斗。普通漏斗大多是玻璃做的，也有搪瓷做的，通常分为长颈和短颈两种。玻璃漏斗的锥体的角度为 60°，颈直径要小些，常为 3～5 mm，若太粗，不易保留水柱。选用的漏斗大小应以能容纳沉淀为宜。在热过滤时，必须用短颈漏斗；在质量分析时，必须用长颈漏斗。漏斗示意图如图 10-2 所示。

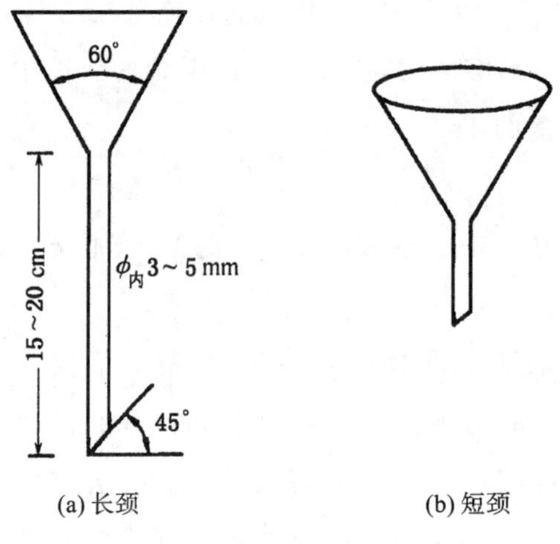

图 10-2　漏斗

普通漏斗的规格按斗径（深）划分，有 30 mm、40 mm、60 mm、100 mm、120 mm 等几种。过滤后欲获取滤液，应按滤液的体积选择斗径大小适当的漏斗。

③滤纸的折叠。折叠滤纸前应先把手洗净擦干。首先，将滤纸对折，然后再对折成直角，拨开一层成圆锥形，内角成 60°，如图 10-3 所示。如果漏斗不正好为 60°角，应适当改变滤纸折叠的角度，保证滤纸与漏斗密合。滤纸锥体一个半边为三层，另一个半边为一层。为了使滤纸和漏斗内壁贴紧而无气泡，常在三层厚的外层滤纸折角处撕下一小块。

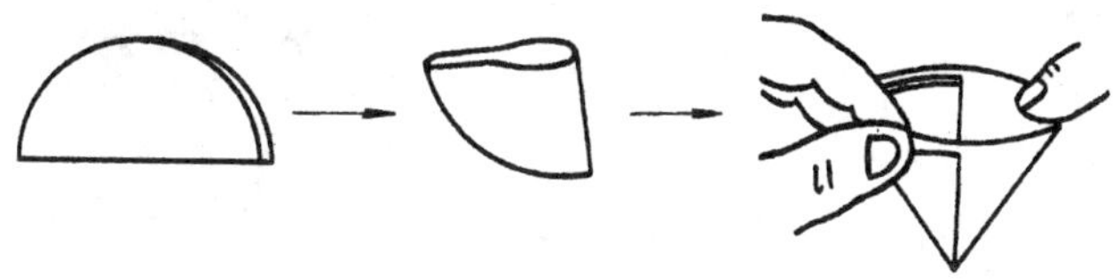

图 10-3　滤纸的折叠方法

滤纸应低于漏斗边缘 0.5～1 cm。将折叠好的滤纸放入漏斗中，用手按紧三层的一边，用少量蒸馏水润湿滤纸，轻压滤纸赶走滤纸与漏斗壁间的气泡，使滤纸紧贴在漏斗壁上。再加蒸馏水至滤纸边缘，让水全部流下，漏斗颈内应都被水充满。若不能形成完整的水柱，可用手指堵住漏斗下口，稍掀起滤纸的一边，用洗瓶向滤纸和漏斗的空隙处加水，使漏斗颈和锥体的大部分被水充满，然后压紧滤纸边，放开堵住下口的手指，水柱即可形成。如果仍不能形成水柱，则可能是漏斗颈太粗，滤纸与漏斗没有密合等原因。

④过滤操作。将准备好的漏斗放在漏斗架或铁圈上，下面放一洁净的容器承接滤液，漏斗颈出口长的一边紧靠接收器内壁。漏斗位置的高低，以过滤过程中漏斗颈的出口不接触滤液为宜。先用倾析法将尽可能多的清液过滤。倾倒溶液时，烧杯尖嘴要紧靠玻璃棒，让溶液沿着玻璃棒流入漏斗中。玻璃棒应直立，下端对着三层厚的滤纸一边，并尽可能接近滤纸，但不要与滤纸接触，如图 10-4 所示。漏斗中的液面高度应至少低于滤纸边缘 5 mm。当倾液暂停时，应将烧杯沿玻璃棒慢慢向上提一段，再立即放正烧杯，以避免烧杯嘴上的液体流到杯外壁去。移开烧杯后，将玻璃棒放到烧杯中（不要放在烧杯嘴处，以免此处的少量沉淀沾在玻璃棒上）。

如果沉淀需要洗涤，应等溶液转移完毕后，首先用洗瓶吹出少量洗涤剂（沿杯壁加入），然后用玻璃棒充分搅动，静置，待沉淀下沉后，再把上层清液倒入漏斗中，如此重复洗涤两三遍，最后把沉淀转移到滤纸上。沉淀全部转移至滤纸上后，还需在滤纸上洗涤沉淀。可先用洗瓶吹出细水流，从滤纸上部按螺旋形下移，并使沉淀集中到滤纸下部。

(2) 减压过滤。此法可加速过滤，并把沉淀抽吸得比较干燥，但不宜用于过滤胶状沉淀和颗粒太小的沉淀。因为胶状沉淀在快速过滤时易穿透滤纸，颗粒太小的沉淀物易在滤纸上形成密实的薄层使溶液不易透过。装置如图 10-5 所示。

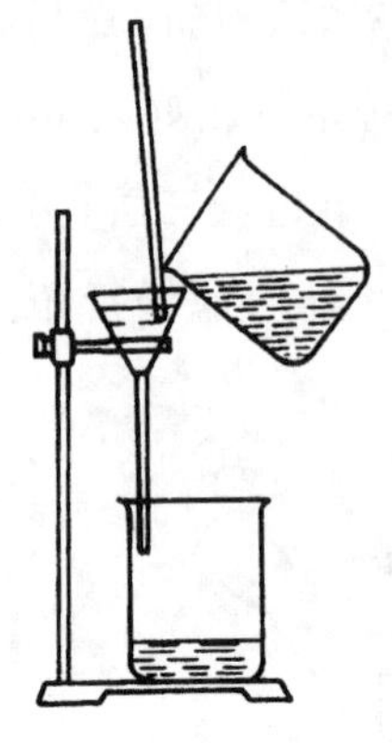

图 10-4 过滤操作

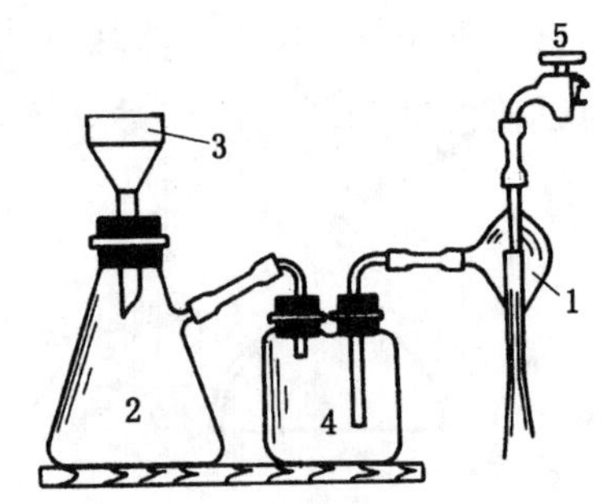

图 10-5 减压过滤的装置

1—抽气管；2—吸滤瓶；3—布氏漏斗；4—安全瓶；5—自来水龙头

抽气管管内有一尖嘴管，当水从尖嘴管流出时，由于截面积变小流速增大，压强减小，遂将周围空气带走，使得与之相连的吸滤瓶内形成负压，造成瓶内与布氏漏斗液面上的压力差，因而加快了过滤速度。

吸滤瓶用来承接滤液，其支管与抽气系统相连。布氏漏斗上面有很多小孔，漏斗颈插入单孔橡胶塞，与吸滤瓶相连。橡胶塞插入吸滤瓶内的部分不能超过塞子高度的 2/3。漏斗颈下端的斜口要对准吸滤瓶的支管口。

如要保留滤液，需在吸滤瓶和抽气管之间安装一个安全瓶，以防止关闭抽气管或水的流量突然变小时，由于吸滤瓶内压力低于外界大气压而使自来水反吸入吸滤瓶内，把滤液弄脏。安装时注意安全瓶上长管和短管的连接顺序，不要连反。

减压过滤操作步骤及注意事项如下。

①按图装好仪器后，把滤纸平放入布氏漏斗内，滤纸应略小于漏斗的内径又能把全部瓷孔盖住。用少量蒸馏水润湿滤纸后，慢慢打开水龙头，并抽气，使滤纸紧贴在漏斗瓷板上。

②用倾析法先转移溶液，溶液量不得超过漏斗容量的 2/3。待溶液快流尽时再转移沉淀至滤纸的中间部分。洗涤沉淀时，应关小水龙头，使洗涤剂缓缓通过沉淀，这样容易洗净。

③抽滤完毕或中间需停止抽滤时，应特别注意需先拔掉连接吸滤瓶和抽气管的橡胶管，然后关闭水龙头，以防倒吸。

④用手指或玻璃棒轻轻揭起滤纸边缘，取出滤纸和沉淀。滤液从吸滤瓶上口倒出。瓶的支管口只作连接调压装置用，不可从中倒出溶液。

(3) 热过滤。有些溶质在溶液温度降低时很容易结晶析出。为了滤除这类溶液中所含的其他难溶杂质,就需要趁热过滤。过滤时将普通漏斗放在铜质的热滤漏斗内,如图 10-6 所示。铜质漏斗的夹套内装有热水(水不要太满,以免加热至沸后溢出),以维持溶液的温度。热过滤时选用的普通漏斗颈越短越好,以免过滤时溶液在漏斗颈内停留过久,因散热降温,析出晶体而发生堵塞。

3) 离心分离法

当被分离的沉淀量很少时,应采用离心分离法,其操作简单而迅速(见图 10-7)。操作时,把盛有混合物的离心管(或小试管)放入离心机的套管内,在套管的相对位置上放一同样大小的试管,内装与混合物等体积的水,以保持转动平衡。然后使离心机由低向高逐渐加速,1～2 min 后,关闭开关,使离心机自然停下。注意起动离心机和加速都不能太快,也不能用外力强制停止,否则会使离心机损坏而且易发生危险。

由于离心作用,沉淀紧密地聚集于离心管的尖端,上方的溶液是澄清的。可用滴管小心地吸出上方清液(见图 10-8),也可将其倾出。如果沉淀需要洗涤,可加入少量的洗涤液,用玻璃棒充分搅动,再进行离心分离,如此重复操作两三遍即可。

图 10-6　热过滤用漏斗

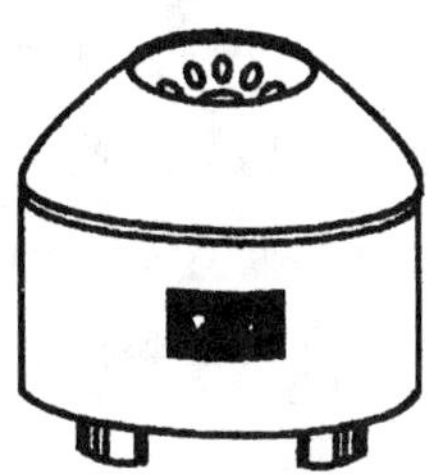

图 10-7　离心机

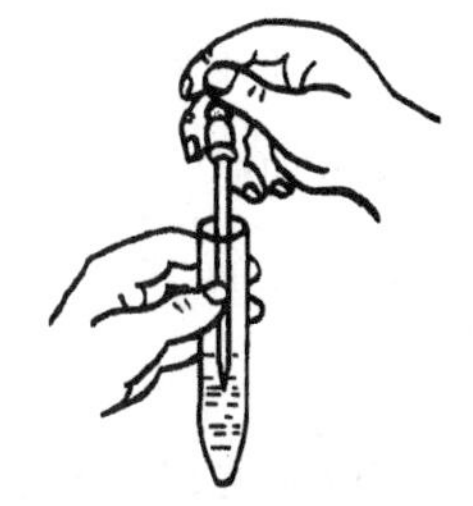

图 10-8　用吸管吸出上层清液

3. 热浴加热

如果要在一定范围的温度下进行较长时间的加热,则可使用水浴、蒸汽浴或沙浴等。

1) 水浴

当被加热的物质要求受热均匀,而温度又不能超过 100 ℃时,可用水浴或蒸汽浴。水浴锅上放置大小不同的钢圈,用以承受不同规格的器皿。如果加热的容器是锥形瓶或小烧杯等,可直接浸入水中,但不能接触容器底部。若要蒸发浓缩溶液,可将蒸发皿放在水浴锅的钢圈上,用灯具把锅中的水煮沸,利用水蒸气加热(称蒸汽浴),如图 10-9 所示。蒸发皿底部的受热面积应尽可能增大但又不能浸入水里。水浴锅内盛水量不要超过其容量的 2/3,长时间使用时,要随时添加热水,切勿烧干。无机实验中常用大烧杯代替水浴锅(水量占烧杯容量的 1/3)。

2) 沙浴

当被加热的物质要求受热均匀,而温度又需高于 100 ℃时,可用沙浴。沙浴是一个铺有一层均匀细沙的铁盘，被加热的容器的下部埋在热沙中，如图 10-10 所示。因为沙的热传导能力较差，故沙浴温度不均匀，若要测量温度，可把温度计插入沙中，水银球应紧靠反应容器。

图 10-9　水浴加热

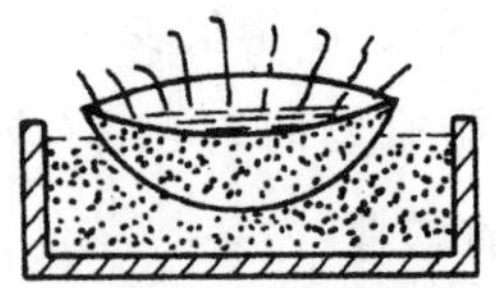

图 10-10　沙浴加热

4．蒸发（浓缩）

为了使溶质从溶液中析出，常采用加热的方法使水分不断蒸发，溶液不断浓缩而析出晶体。蒸发一般在蒸发皿中进行，因为它的表面积较大，有利于快速蒸发。

蒸发皿中所盛液体的量不得超过其容量的 2/3。若液体较多，蒸发皿一次盛不下，可随着水分的不断蒸发而逐渐添加。如果物质对热是稳定的，则可以直接加热；否则，用水浴间接加热。当物质的溶解度较大时，必须蒸发到溶液表面出现晶膜时才可停止加热。当物质的溶解度较小或高温时溶解度较大而室温时溶解度较小时，不必蒸发至液面出现晶膜就可以冷却。注意蒸发皿不可骤冷，以免炸裂。

5．结晶（重结晶）

当溶液浓缩到一定浓度后冷却，就会析出溶质的晶体，析出晶体颗粒的大小与结晶条件有关。如果溶液的浓度高，溶质的溶解度小，溶液冷却得快，析出的晶粒就细小；反之，可得到较大颗粒的晶体。搅动溶液和静置溶液可得到不同的效果，前者有利于细晶体的生成，后者有较大颗粒的晶体。从纯度来说，由于大晶体生成较慢，易裹入母液或别的杂质，因而纯度不高，而细小的晶体由于生成较快，纯度较高。

当溶液出现过饱和现象时，可以振荡容器、用玻璃棒搅动或轻轻摩擦器壁，或投入几小粒晶体（俗称“晶种”，该晶种可采用滴数滴溶液于干净的表面皿上，放在冰上冷却而获得），促使晶体析出。

如果第一次得到的晶体纯度不符合要求，可以将所得晶体溶解于适量的溶剂中，再重新蒸发（或冷却）、结晶分离，便可得到较纯净的晶体，这种操作称为重结晶。若重结晶后纯度仍不符合要求时，还可进行第二次重结晶。当然该产率必然会降低。

重结晶纯化物质的方法，只适用于那些溶解度随温度上升而增大的物质，对于溶解度受温度影响很小的物质则不适用。

6. 干燥

干燥是用来除去晶体表面少量水分的操作，常用的方法有如下几种。

1）晾干

把含有少量水分的晶体放在一张滤纸上铺成薄薄一层，再用一张速纸盖好，放置使其自然晾干。

2）用滤纸吸干

将晶体放在两层滤纸上，用玻璃棒把它铺开，上面再盖一张速纸，用手轻轻挤压，晶体表面的水分即被滤纸吸收。再换新的滤纸，重复操作，直到晶体完全干燥为止。

3）烘干

如果晶体对热是稳定的，可把晶体放在表面皿上，在电烘箱中烘干；也可以把晶体放在蒸发皿内，用水浴或酒精灯加热烘干。

4）有机溶剂干燥

有些带结晶水的晶体，可以用能与水混溶的低沸点有机溶剂（如酒精、丙酮）洗涤后晾干。

5）在干燥器内干燥

有些含有微量水分的晶体，可放入干燥器中放置一段时间，进行干燥。

四、实验内容

1. 粗盐的提纯

粗盐水溶液中的主要杂质有 K^+、Ca^{2+}、Mg^{2+}、Fe^{3+}、SO_4^{2-}、CO_3^{2-} 等，用 Na_2CO_3、$BaCl_2$ 和盐酸等试剂就可以使 Ca^{2+}、Mg^{2+}、Fe^{3+}、SO_4^{2-} 等生成难溶化合物的沉淀而滤除。首先，在食盐溶液中加入 $BaCl_2$ 溶液，除去 SO_4^{2-}，此时溶液中引入了 Ba^{2+}，再往溶液中加入 Na_2CO_3 溶液，可除去 Ca^{2+}、Mg^{2+} 和引入的 Ba^{2+}（过量的）。过量的 Na_2CO_3 溶液用盐酸中和。粗盐溶液中的 K^+ 和上述各沉淀剂都不起作用，仍留在溶液中。由于 KCl 的溶解度大于 NaCl 的溶解度，而且在粗盐中的含量较少，所以在蒸发和浓缩食盐溶液时，NaCl 先结晶出来，而 KCl 则留在溶液中，从而达到提纯 NaCl 的目的。

（1）粗盐的溶解：称取 10 g 粗盐倒入 250 mL 烧杯中，加 40 mL 水，加热搅拌，使粗盐溶解。放置后，泥沙等不溶性杂质沉于烧杯底部。

（2）除去 SO_4^{2-}：加热溶液近沸，充分搅拌，并逐滴加入约 2 mL1 mol/L $BaCl_2$ 溶液，盖上表面皿放在水浴上或小火保温 5 min，使沉淀颗粒长大，易于沉降、过滤。

（3）检验 SO_4^{2-} 是否存在：将烧杯里的溶液和沉淀过滤。往滤液中加入几滴 6 mol/L

HCl 溶液和几滴 1 mol/L BaCl 溶液，如出现混浊现象表示溶液中尚存在 SO_4^{2-}，需要再加 $BaCl_2$ 溶液，沉淀、过滤，直至滤液中滴加 $BaCl_2$ 溶液，不再发生混浊。最后，弃去沉淀保留滤液。

（4）除 Ca^{2+}、Mg^{2+}、Fe^{3+}、Fe^{2+}：将上面滤液加热近沸，边搅拌边滴加饱和的 Na_2CO_3 溶液，用 pH 试纸测试，直至 pH＝8～9 为止，再多加 0.5 mL 饱和的 Na_2CO_3 溶液后静置。

（5）检查 Ba^{2+} 是否除尽：取上层清液少许，滴入几滴 2 mol/L H_2SO_4 溶液，如出现混浊，表示 Ba^{2+} 未除尽，将检测液倒回上述溶液中，继续滴加饱和的 Na_2CO_3 溶液，直至再往清液中滴加 2 mol/L H_2SO_4 溶液时，不出现混浊为止。最后过滤，弃去沉淀。

（6）用盐酸溶液调节酸度除去剩余的 CO_3^{2-}：往溶液中滴加 6 mol/LHCl 溶液，加热搅拌，中和到 pH＝3～4 为止，为什么？

（7）将溶液注入蒸发皿中，蒸发到稠粥状，冷却，减压过滤，将晶体抽干。再把 NaCl 晶体放在蒸发皿中，边加热，边搅拌，至晶体呈粉末状，冷却后称量。计算其产率。

2. 产品纯度的检验(与粗盐对比)

取少量粗盐和提纯 NaCl，分别溶于少量蒸馏水中，用下列方法检验和比较它们的纯度。

（1）SO_4^{2-} 检验：往盛有粗盐溶液和纯 NaCl 溶液的两支试管中，分别加入几滴 0.2 mol/L $BaCl_2$ 溶液，观察现象并说明。

（2）Ca^{2+} 的检验：往两种试液的试管中，分别加入几滴饱和的 $Na_2C_2O_4$ 溶液，充分搅拌后，观察现象并加以说明。

（3）Mg^{2+} 的检验：往两种试液中，分别滴入 6 mol/L NaOH 溶液，使呈碱性，再滴入几滴对硝基偶氮间苯二酚(镁试剂)溶液，溶液呈蓝色时，表示 Mg^{2+} 存在。试比较粗盐和提纯的 NaCl 中 Mg^{2+} 含量有何不同。

五、思考题

（1）在除去 Ca^{2+}、Mg^{2+}、SO_4^{2-} 等时，为什么要先加入 $BaCl_2$ 溶液，然后再加入 Na_2CO_3 溶液？

（2）检查 SO_4^{2-} 是否存在时，要在试液中先加 HCl 溶液，然后加 $BaCl_2$，只加 $BaCl_2$ 为什么不行？

（3）用 Na_2CO_3 除去阳离子后，为什么只检查 Ba^{2+} 除尽了没有？

（4）如果 NaCl 的回收率过高，可能的原因是什么？

附注：

在化学试剂和医用氯化钠的产品检验中，常用容量沉淀法（吸附指示剂滴定法）测定 NaCl 含量和产品纯度检验，用容量沉淀法测定 NaCl 含量时，一般使用吸附指示剂荧光黄，其变色原理是，Ag^+ 滴定氯化物溶液的过程中，由于加入淀粉溶液，导致形成胶态 AgCl，溶液中若含有高浓度的 Cl^- 被胶体吸附为第一层。吸附指示剂是一种有机弱酸，它部分地离解为 H^+ 和带负电的荧光黄阴离子，荧光黄阴离子被 Cl^- 吸附层所排斥。但是，在滴定到达终点时，溶液中的 Cl^- 被定量沉淀，如过量滴入 1 滴 $AgNO_3$ 标准溶液，使溶液体系中有了过量的 Ag^+，AgCl 胶状沉淀就吸附 Ag^+ 为第一吸附层了，这时这层 Ag^+ 又吸附荧光黄阴离子作为第二吸附层。在溶液中带负电的荧光黄离子使溶液呈黄绿色，但当它被 Ag^+ 层吸附时，就呈现淡红色。

还可以根据 Mg^{2+} 和 Fe^{3+} 的比色分析结果确定 NaCl 产品的纯度级别。

实验十一　五水合硫酸铜结晶水的测定

一、实验目的

了解结晶水合物中结晶水含量的测定原理和方法。进一步练习分析天平的使用，学习和掌握研钵、干燥器等仪器的使用和沙浴加热、恒重等基本操作。

二、实验用品

仪器：坩埚、坩埚钳、泥三角、干燥器、铁架台、铁圈、温度计（300 ℃）、沙浴盘（或马弗炉）、酒精喷灯、电子天平。

试剂：$CuSO_4 \cdot 5H_2O$。

三、实验原理

当五水硫酸铜晶体受热时，在不同的温度下，按下列反应逐步脱水：

$$CuSO_4 \cdot 5H_2O \xrightarrow{48\ ℃} CuSO_4 \cdot 3H_2O + 2H_2O$$

$$CuSO_4 \cdot 3H_2O \xrightarrow{99\ ℃} CuSO_4 \cdot H_2O + 2H_2O$$

$$CuSO_4 \cdot H_2O \xrightarrow{218\ ℃} CuSO_4 + H_2O$$

很多含有结晶水的离子型盐，加热到一定温度，会发生如上的反应。测定加热不分解的结晶水合物中的结晶水，可将一定量的结晶水合物（不含吸附水）置于已灼烧至恒重的坩埚中，加热至较高温度（以不超过被测定物质的分解温度为限）脱水。然后把坩埚移入干燥器中，冷却至室温，再取出用分析天平称量。由结晶水合物经高温加热后的失重值可计算出该物质所含结晶水的质量分数，以及每摩尔该盐所含结晶水的物质的量，从而确定出结晶水合物的化学式。由于压力、物质的粒度和升温速率不同，有时得到的脱水温度及脱水过程也不一致。

四、基本操作

干燥器的使用。干燥器是一种具有磨口盖子的厚质玻璃器皿，使其能很好地密合。底部放适当的干燥剂，上面有洁净的带孔瓷板，用以放置坩埚和称量瓶等，如图 11-1 所示。使用干燥器前应用干的洁净抹布擦净内壁和瓷板，一般不用水洗，以免不能很快干燥。如图 11-2 所示的方法放入干燥剂。干燥剂应装至干燥器下室一半为宜，太多容易污染坩埚。开启干燥器时,应用左手按住下部,右手握住盖的圆顶,向前小心推开器盖,如图 11-3 所示。取下盖时,应倒置在安全处。放入物体后,应及时加盖。加盖时,要拿住盖上圆顶,平推盖严。当放入温热的坩埚时,应将盖留一道缝隙,稍等几分钟再盖严。也可前后推动器盖稍稍打开 2～3 次。搬动干燥器时,应用两手的拇指按住盖子,以防盖子滑落。

图 11-1　干燥器

图 11-2　装干燥剂

图 11-3　启盖方法

五、实验内容

1. 恒重坩埚

将一洁净的坩埚置于泥三角上,小火烘干后,用氧化焰灼烧至红热、稍冷后用干净的坩埚钳将其移入干燥器中冷却至室温(注意,热坩埚放入干燥器后,一定要在规定时间内将干燥器盖子打开 1～2 次以免内部压力降低,难以打开盖子)。取出,用分析天平称量。重复加热至脱水温度以上,冷却、称重,直至恒重。

2. 五水合硫酸铜脱水

(1) 在已恒重的坩埚内加入约 1 g 的水合硫酸铜晶体,铺成均匀的一层,再在天平上准确称量坩埚及水合硫酸铜的总量,减去已恒重坩埚的质量,即为水合硫酸铜的质量。

(2) 将装有水合硫酸铜的坩埚置于沙浴盘(马弗炉)中。将其四分之三体积埋入沙内,在靠近坩埚的沙浴内插入一支温度计(300 ℃),其末端应与坩埚底部基本处于同一水平。加热沙浴至约 210 ℃,然后缓慢升温至 280 ℃左右,控制沙浴温度在 260～280 ℃之间;也可直接加热,但要缓慢升温。当坩埚内的蓝色粉末接近完全变白时,要使火焰减小,必要时,可移开火焰。晶体完全变为白色时,停止加热。用坩埚钳将坩埚移入干燥器内,冷却至室温。将坩埚外壁用滤纸揩干净后,在天平上称量坩埚和脱水硫酸铜的总质量。计算硫酸铜的质量。重复加热,冷却、称量,直至达到恒重(两次称量之差小于 2 mg)。实验后将硫酸铜倒入回收瓶中。记录数据填入表 11-1 中。

表 11-1　数据记录和处理

坩埚质量/g			（坩埚＋五水合硫酸铜质量）/g	（加热后坩埚＋五水合硫酸铜质量）/g		
第一次称量	第二次称量	平均值		第一次称量	第二次称量	平均值

$CuSO_4 \cdot 5H_2O$ 的质量 m_1＝____________ g。

$CuSO_4 \cdot 5H_2O$ 的物质的量 n_1＝____________ mol。

$CuSO_4$ 的质量 m_2＝____________ g。

$CuSO_4$ 的物质的量 n_2＝____________ mol。

结晶水的质量 m_3＝____________ g。

结晶水的物质的量 n_3＝____________ mol。

每摩尔 $CuSO_4$ 的结合水＝____________。

水合硫酸铜的化学式：________________________。

六、思考题

（1）在水合硫酸铜结晶水的测定中为什么要用沙浴加热并控制温度在 280 ℃左右？

（2）加热后的坩埚能否未经冷却至室温就去称量？加热后的坩埚为什么要放在干燥器内冷却？

（3）为什么要进行重复的灼烧操作？什么叫恒重？其作用是什么？

Ⅱ　基本原理实验

实验十二　凝固点降低法测葡萄糖摩尔质量

一、实验目的

掌握凝固点降低法测定摩尔质量的原理和方法，加深对稀溶液依数性的理解。巩固移液管和电子天平的使用，学习精密温度计的使用。

二、实验用品

仪器：贝克曼温度计、电子天平、大试管、大烧杯、移液管（10 mL）、洗耳球、金属丝搅拌器、单孔软木塞、铁架台。

试剂：葡萄糖、食盐、冰。

三、实验原理

溶液的凝固点低于纯溶剂的凝固点，其根本原因在于溶液的蒸气压下降。当溶液很稀时，难挥发的非电解质稀溶液的凝固点降低与溶质的质量摩尔浓度成正比：

$$\Delta T_{\mathrm{f}} = T_{\mathrm{f}}^{*} - T_{\mathrm{f}} = K_{\mathrm{f}} b \tag{12-1}$$

式中：K_{f}为凝固点降低常数，单位为 K · kg/mol；ΔT_{f}为凝固点降低值，单位为 K；T_{f}^{*}为纯溶剂的凝固点，单位为 K；T_{f}为溶液的凝固点，单位为 K；b 为溶质的质量摩尔浓度，单位为 mol/kg。其中：

$$b = \frac{m_{\mathrm{B}}}{M_{\mathrm{B}} m_{\mathrm{A}}} \times 1000 \tag{12-2}$$

式中：m_{B}为溶质的质量，单位为 g；m_{A}为溶剂的质量，单位为 g；M_{B}为溶质的摩尔质量，单位为 g/mol。

将式(12-1)代入式(12-2)，得

$$M_{\mathrm{B}} = K_{\mathrm{f}} \frac{1000 m_{\mathrm{B}}}{\Delta T_{\mathrm{f}} m_{\mathrm{A}}} \tag{12-3}$$

根据已知的凝固点降低系数（水的 $K_{\mathrm{f}}=1.86$ K · kg/mol）和溶质、溶剂的质量，只需要再测得 ΔT_{f}，即可求得溶质的相对分子质量 M_{B}。

凝固点的测定可采用过冷法。将纯溶剂逐渐降温至过冷，然后促其结晶。当晶体生成时，放出一定热量，使体系温度保持相对恒定，直到全部液体凝成固体后才会继续下降。相对恒定的温度即为该纯溶剂的凝固点，如图 12-1 所示。

图 12-2 所示的是溶液的冷却曲线，它与纯溶剂的冷却曲线有所不同。当溶液达到凝固点时，随着溶剂成为晶体从溶液中析出，溶液的浓度不断增大，其凝固点会不断下降，因此曲线的水平段向下倾斜。可将斜线反向延长使与过冷前的冷却曲线相交，交点的温度即为此溶液的凝固点。

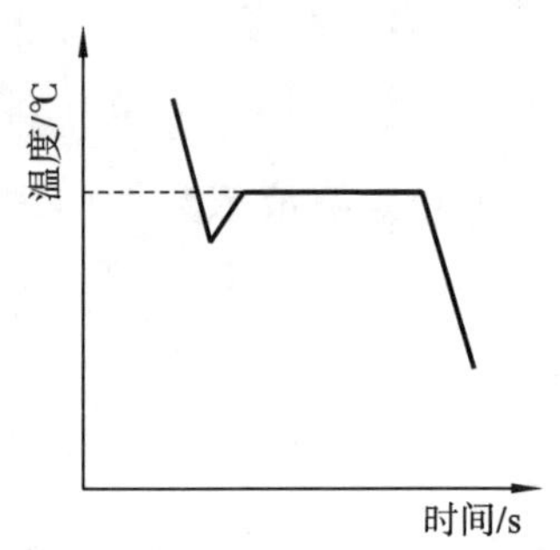

图 12-1 纯溶剂的凝固点曲线

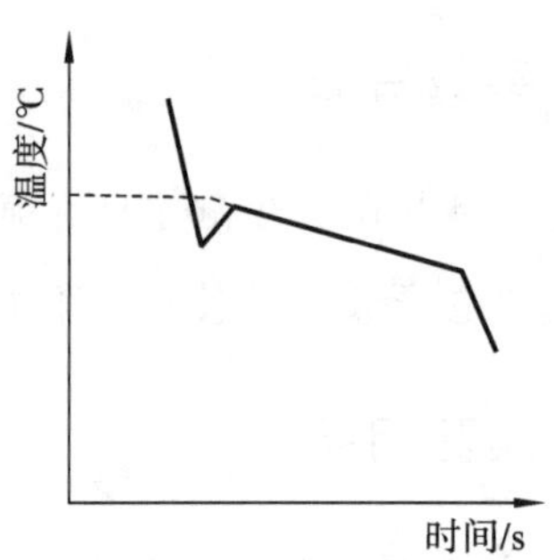

图 12-2 溶液的冷却曲线

为保证凝固点测定的准确性，每次测定要尽可能控制在相同的过冷程度。因为稀溶液的凝固点降低值不大，温度的测量需要用精密的测温仪器，故本实验用贝克曼温度计。

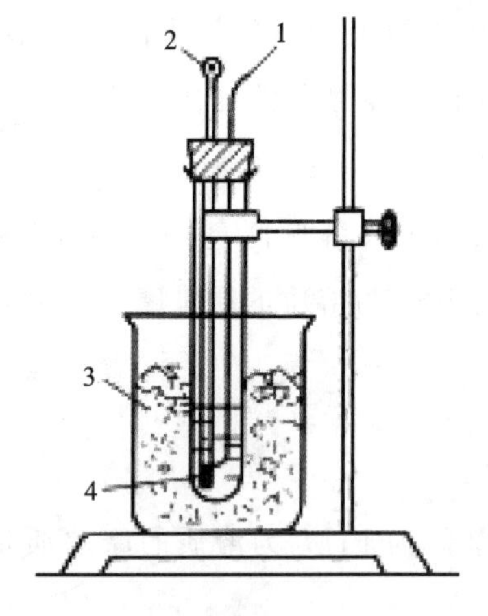

图 12-3 凝固点测定装置

1—搅棒；2—温度计；3—水浴烧杯；4—试管

四、实验内容

1. 纯水凝固点的测定

如图 12-3 所示安装实验装置。准确移取10.00 mL 蒸馏水（质量近似作为 10.00 g）于干燥的大试管中，将插有温度计和搅拌器的软木塞塞好。调节温度计的高度，使其底部距离大试管 1 cm 左右，记下蒸馏水的温度。然后将试管插入装有冰块、水和粗盐混合物的大烧杯中（注意：试管液面必须低于冰盐混合物的液面），用夹子固定住大试管。

开始记录时间，并上下移动试管中的金属丝搅拌器，搅拌器不要触碰温度计及管壁，每隔 30 s 记录一次温度。当冷至比水的凝固点高出 1～2 ℃时，停止搅拌，待蒸馏水过冷至凝固点以下约 0.5 ℃再继续搅拌（当开始有结晶出现时，由于有热量放出，蒸馏水温度将略有上升），直至温度不再随时间变化为止。温度上升后所达到的最高温度(冷却曲线中水平部位对应的温度),即为蒸馏水的凝固点。记录数据填入表 12-1 中。

表 12-1　纯水凝固点的测定

时间/s	30	60	90	120	150	180	210	…
温度/℃								

2. 葡萄糖水溶液凝固点的测定

准确称取 0.2～0.5 g 的葡萄糖,倒入装有 10.00 mL 蒸馏水的大试管中,使其全部溶解。装上插有温度计和搅拌器的软木塞,按照上述实验方法和要求,测定葡萄糖水溶液的凝固点。上升后的温度并不如纯水那样保持恒定,而是缓慢下降,一直记录到温度明显下降为止。按照前面操作再次测定溶液的凝固点,取其平均值。记录数据填入表 12-2 中。

表 12-2　葡萄糖水溶液凝固点的测定

时间/s	30	60	90	120	150	180	210	…
温度/℃								

3. 冷却曲线的绘制

以温度为纵坐标,时间为横坐标,在坐标纸上做出冷却曲线图。纯水冷却曲线中相对恒定的温度即为凝固点。葡萄糖水溶液的冷却曲线中,将曲线凝固点斜线反向延长使之与过冷前的曲线相交,交点温度即为此葡萄糖水溶液的凝固点。计算葡萄糖的摩尔质量。

五、思考题

(1) 为什么纯溶剂和溶液的冷却曲线不同?如何根据冷却曲线确定凝固点?

(2) 当液体温度在凝固点附近时为什么不能搅拌?

(3) 实验中所配的溶液浓度太大或太小会给实验结果带来什么影响?

(4) 冷却用的冰水混合物中加入粗盐的目的是什么?

实验十三　电离平衡、盐类水解和沉淀平衡

一、实验目的

加深对电离平衡、水解平衡、沉淀平衡、同离子效应等理论的理解。学习缓冲溶液的配制并试验其性质。试验并掌握沉淀的生成、溶解及转化条件。掌握离心分离操作和 pH 试纸的使用。

二、实验用品

仪器：试管、离心试管、离心机、表面皿、酒精灯、试管夹、烧杯。

试剂：NH_4Ac、Zn 粒、$SbCl_3$、$Fe(NO_3)_3$；H_2SO_4(1 mol/L)、HCl(6 mol/L、2 mol/L、0.1 mol/L)、HNO_3(6 mol/L)、HAc(0.2 mol/L、0.1 mol/L)、NaOH(0.1 mol/L)、$NH_4 \cdot H_2O$(6 mol/L、0.1 mol/L)、NaCl(1 mol/L、0.1 mol/L)、NH_4Cl(0.1 mol/L)、$BaCl_2$(0.5 mol/L)、$MgCl_2$(0.5 mol/L)、$AgNO_3$(0.1 mol/L)、$Pb(NO_3)_2$(0.1 mol/L、0.001 mol/L)、Na_2SO_4(0.5 mol/L)、$Al_2(SO_4)_3$(0.5 mol/L)、Na_2S(1 mol/L)、NaAc(0.2 mol/L)、NH_4Ac(0.1 mol/L)、K_2CrO_4(0.5 mol/L)、Na_2CO_3(0.5 mol/L)、PbI_2(饱和)、KI(0.2 mol/L、0.001 mol/L)、$(NH_4)_2C_2O_4$(饱和)、酚酞溶液、甲基橙溶液、pH 试纸。

三、实验内容

1. 电离平衡

(1) 比较盐酸和醋酸的酸性。

①在两支试管中分别加入 5 滴 0.1 mol/L HCl 和 0.1 mol/L HAc 溶液，再各加 1 滴甲基橙指示剂，观察溶液的颜色。

②用 pH 试纸分别测定 0.1 mol/L HCl 和 0.1 mol/L HAc 溶液的 pH 值。

③在两支试管中各加入一粒锌粒，分别加入 5 滴 0.1 mol/L HCl 和 0.1 mol/L HAc，观察现象。

根据实验结果，列表比较两者酸性有何不同，为什么？

(2) 同离子效应。

①取 5 滴 0.1 mol/L HAc 溶液，加 1 滴甲基橙指示剂，观察溶液的颜色，再加入固体 NH_4Ac 少许，观察溶液颜色变化，解释上述现象。

②取 5 滴 0.1 mol/L $NH_3 \cdot H_2O$ 溶液，加 1 滴酚酞溶液，观察溶液颜色，再加入固体 NH_4Ac 少许，观察溶液颜色的变化，解释上述现象。

③在试管中加饱和 PbI_2 溶液 3 滴，然后加 0.2 mol/L PbI_2 溶液 1～2 滴，振荡试管，观察有何现象，这说明什么。

(3) 缓冲溶液的性质。

①在一支试管中加 2 mL 0.2 mol/L HAc 和 2 mL 0.2 mol/L NaAc 溶液，摇匀后用 pH 试纸测定溶液的 pH 值。将溶液分成两份，一份加入 1 滴 0.1 mol/L HCl 溶液，另一份加入 1 滴 0.1 mol/L NaOH 溶液，分别用 pH 试纸测定溶液的 pH 值。

②在两支试管中各加入 5 mL 蒸馏水用 pH 试纸测定其 pH 值。然后各加入 1 滴 0.1 mol/L HCl 和 0.1 mol/L NaOH 溶液，分别测定溶液的 pH 值。与上一实验相比较，说明缓冲溶液具有什么性质。

2. 盐类水解

(1) 用精密 pH 试纸测定浓度均为 0.1 mol/L 的 NaAc、NH_4Cl、NH_4Ac 和 NaCl 的 pH 值，并解释观察到的现象。

(2) 取豆粒大小的 $Fe(NO_3)_3$ 晶体，加约 2 mL 水溶解后观察溶液的颜色。将溶液分成三份，第一份留作比较；第二份在小火上加热至沸；第三份滴加 1 mol/L 的 HNO_3 溶液。观察并解释现象，写出反应方程式。

(3) 取米粒大小的固体三氯化锑，用少量水溶解，观察现象，测定该溶液的 pH 值。再滴加 6 mol/L 的 HCl 溶液，振荡试管，至沉淀刚好溶解。再加水稀释，又有何现象？写出反应方程式并加以解释。

(4) 在试管中分别加入 3 滴 0.5 mol/L $Al_2(SO_4)_3$ 和 3 滴 0.5 mol/L Na_2CO_3 溶液，并分别测其 pH 值。然后将 Na_2CO_3 溶液倒入 $Al_2(SO_4)_3$ 溶液中，观察有什么现象，设法验证产物。写出反应方程式并加以解释。

3. 沉淀溶解平衡

(1) 沉淀溶解平衡。

在离心试管中加入 3 滴 0.1 mol/L $Pb(NO_3)_2$ 溶液，然后加 2 滴 1 mol/L NaCl 溶液，待沉淀完全后，离心分离，弃去上层清液，加几滴水洗涤沉淀，再加 2 滴 0.5 mol/L K_2CrO_4 溶液，有什么现象？写出反应方程式并加以解释。

(2) 溶度积规则的应用。

①在试管中加 4 滴 0.1 mol/L $Pb(NO_3)_2$ 溶液和 2 滴 0.2 mol/L KI 溶液，观察有无沉淀生成。

②用 0.001 mol/L $Pb(NO_3)_2$ 溶液和 0.001 mol/L KI 溶液各 3 滴进行上述实验，

观察实验现象并用溶度积规则解释。

(3) 分步沉淀。

在试管中加入 4 滴 0.1 mol/L NaCl 溶液和等量的 0.1 mol/L K_2CrO_4 溶液。边振荡边滴加 0.1 mol/L $AgNO_3$ 溶液，观察沉淀颜色的变化并用溶度积规则解释。

4. 沉淀的溶解和转化

(1) 在试管中加入 2 滴 0.5 mol/L $BaCl_2$ 溶液，再加入 1 滴饱和$(NH_4)_2C_2O_4$ 溶液，观察是否有沉淀生成。在沉淀上加几滴 6 mol/L 盐酸，解释所发生的现象并写出反应方程式。

(2) 取 2 滴 0.1 mol/L $AgNO_3$ 溶液，加 1 滴 1 mol/L NaCl 溶液，观察是否有沉淀生成，再逐滴加入 6 mol/L 的氨水，有何现象发生？写出反应方程式并加以解释。

(3) 取 1 滴 0.1 mol/L $AgNO_3$ 溶液，加 1 滴 1 mol/L Na_2S 溶液，观察沉淀的生成。在沉淀上加几滴 6 mol/L HNO_3 微热，有何现象发生？写出反应方程式并加以解释。

四、思考题

(1) 如何用 0.2 mol/L HAc 和 0.2 mol/L NaAc 溶液配制 10 mL pH＝4.1 的缓冲溶液？

(2) 将下面的两种溶液混合，是否能形成缓冲溶液？为什么？

①10 mL 0.1 mol/L 盐酸与 10 mL 0.2 mol/L 氨水。

②10 mL 0.2 mol/L 盐酸与 10 mL 0.1 mol/L 氨水。

(3) 预测 NaH_2PO_4、Na_2HPO_4 和 Na_3PO_4 的酸碱性，并说明理由。

实验十四　化学反应速度和活化能

一、实验目的

测定过二硫酸铵与碘化钾反应的反应速度，并计算反应级数、反应速度常数和反应的活化能。掌握浓度、温度和催化利对反应速度影响的规律。学习正确使用秒表和温度计。

二、实验用品

仪器：烧杯（100 mL）、大试管、量筒、秒表、温度计、酒精灯。

试剂：$(NH_4)_2S_2O_8$（0.20 mol/L）、KI（0.20 mol/L）、$Na_2S_2O_3$（0.01 mol/L）、KNO_3（0.20 mol/L）、$(NH_4)_2SO_4$（0.20 mol/L）、$Cu(NO_3)_2$（0.020 mol/L）、淀粉溶液（0.2%）。

三、实验原理

在水溶液中，过二硫酸铵与碘化钾发生如下反应：

$$(NH_4)_2S_2O_8 + 3KI \xlongequal{} (NH_4)_2SO_4 + K_2SO_4 + KI_3$$

或写成

$$S_2O_8^{2-} + 3I^- \xlongequal{} 2SO_4^{2-} + I_3^- \qquad (14\text{-}1)$$

根据速度方程，该反应的反应速度可表示为

$$v = kc_{S_2O_8^{2-}}^m c_{I^-}^n$$

式中：v 为在此条件下反应的瞬时速度，若 $c_{S_2O_8^{2-}}$ 和 c_{I^-} 是起始浓度，则 v 表示起始速度；k 为反应速度常数；m 与 n 之和为反应级数。

实验能测定的速度是在一段时间 Δt 内反应的平均速度 $\bar{v}$，如果在 Δt 时间内 $S_2O_8^{2-}$ 离子浓度的改变为 $\Delta c_{S_2O_8^{2-}}$，则平均速度为

$$\bar{v} = -\frac{\Delta c_{S_2O_8^{2-}}}{\Delta t}$$

本实验在 Δt 时间内反应物浓度的变化很小，则可近似地用平均速度代替起始速度，即

$$\bar{v} = -\frac{\Delta c_{S_2O_8^{2-}}}{\Delta t} = kc_{S_2O_8^{2-}}^m c_{I^-}^n$$

为了能够测出反应在 Δt 时间内 $S_2O_8^{2-}$ 浓度的改变值，需要在混合 $(NH_4)_2S_2O_8$ 和 KI 溶液的同时，加入一定体积已知浓度的 $Na_2S_2O_3$ 溶液和淀粉（指示剂）溶液。这样在反应（14-1）进行的同时，也进行着如下反应：

$$2S_2O_3^{2-} + I_3^- = S_4O_6^{2-} + 3I^- \qquad (14\text{-}2)$$

反应(14-2)进行得非常快,几乎瞬间完成,而反应(14-1)却慢得多。于是由反应(14-1)生成的 I_3^- 立刻与 $Na_2S_2O_3$ 反应,生成了无色的 $S_4O_6^{2-}$ 和 I^-。因此在反应的开始一段时间看不到碘与淀粉作用而显示出来的特有蓝色。一旦 $Na_2S_2O_3$ 耗尽,则由反应(14-1)继续生成的 I_3^- 就与淀粉作用。使溶液呈现出特有的蓝色。所以可用溶液中蓝色的出现作为 $Na_2S_2O_3$ 反应完的标志。

由反应(14-1)和反应(14-2)的关系可以看出,$S_2O_8^{2-}$ 浓度减少的量等于 $S_2O_3^{2-}$ 浓度减少量的一半,所以 $S_2O_8^{2-}$ 在 Δt 时间内的减少量可以从下式求得

$$\Delta c_{S_2O_8^{2-}} = \frac{\Delta c_{S_2O_3^{2-}}}{2}$$

这样,只要记下从反应开始到溶液出现蓝色所需要的时间(Δt),就可以求算在各种不同浓度下的平均反应速度。

四、实验内容

1. 浓度对化学反应速度的影响

在室温下,用三个量筒(均贴上标签,以免混淆)分别量取 20.0 mL 0.20 mol/L KI 溶液、4.0 mL 0.010 mol/L $Na_2S_2O_3$ 溶液和 4.0 mL 0.2%淀粉溶液,均倒入 100 mL 烧杯中混匀。再用另一个量筒量取 20.0 mL 0.20 mol/L$(NH_4)_2S_2O_8$ 溶液迅速倒入烧杯中,同时立即按动秒表并用小棒不断搅动溶液。当溶液刚一出现蓝色时,立即按停秒表,将反应时间和室温记入表 14-1 中。

表 14-1　浓度对化学反应速度的影响

实验编号		1	2	3	4	5
试剂用量/mL	0.20 mol/L$(NH_4)_2S_2O_8$	20.0	10.0	5.0	20.0	20.0
	0.20 mol/L KI	20.0	20.0	20.0	10.0	5.0
	0.010 mol/L $Na_2S_2O_3$	4.0	4.0	4.0	4.0	4.0
	0.2%淀粉溶液	4.0	4.0	4.0	4.0	4.0
	0.20 mol/L KNO_3	0	0	0	10.0	15.0
	0.20 mol/L$(NH_4)_2SO_4$	0	10.0	15.0	0	0
混合液中反应物的起始浓度/(mol/L)	$(NH_4)_2S_2O_8$					
	KI					
	$Na_2S_2O_3$					
反应时间 Δt/s						
$S_2O_8^{2-}$ 的浓度变化 $\Delta c_{S_2O_8^{2-}}$/(mol/L)						
反应速度 v						

用同样方法，按表 14-1 中的用量依次进行编号 2～5 的实验。

2. 温度对化学反应速度的影响

按表 14-1 实验 4 中的用量，把 KI、$Na_2S_2O_3$、KNO_3 和淀粉溶液加到烧杯中，把 $(NH_4)_2S_2O_8$ 溶液加到一只大试管中，然后将烧杯和大试管同时放在冰水浴中冷却，待两种溶液的温度均冷却到低于室温 10 ℃时，把试管中的 $(NH_4)_2S_2O_8$ 溶液迅速加到盛 KI 等混合液的烧杯中，同时立即计时并用玻璃棒将溶液搅匀。当溶液刚出现蓝色时迅速按停秒表，将反应时间和温度记入表 14-2（编号 6）中。

表 14-2　温度对化学反应速度的影响

实 验 编 号	6	4	7
反应温度/℃			
反应时间 Δt/s			
反应速度 v			

用热水浴在高于室温 10 ℃下重复上述实验，将数据填入表 14-2（编号 7）中。

3. 催化剂对化学反应速度的影响

按表 14-1 中实验 4 的用量，把 KI、$Na_2S_2O_3$、KNO_3 和淀粉溶液加到烧杯中，再滴入 2 滴 0.020 mol/L $Cu(NO_3)_2$ 溶液，搅匀，然后迅速加入 $(NH_4)_2S_2O_8$ 溶液，同时计时和搅拌，至溶液刚出现蓝色时为止。将此实验的反应速度与表 14-1 中实验 4 的反应速度进行比较，可得出什么结论？

总结以上三个部分的实验结果，说明浓度、温度、催化剂对化学反应速度的影响。

五、数据处理

1. 反应级数和反应速度常数的计算

将反应速度表示式：

$$v = kc^m_{S_2O_8^{2-}}c^n_{I^-}$$

两边取对数得

$$\lg v = m\lg c_{S_2O_8^{2-}} + n\lg c_{I^-} + \lg k$$

当固定 c_{I^-} 浓度不变时，以 $\lg v$ 对 $\lg c_{S_2O_8^{2-}}$ 作图，可得斜率为 m 的一条直线，这样就可求得 m 值。同理，将 $c_{S_2O_8^{2-}}$ 浓度固定不变，以 $\lg v$ 对 $\lg c_{I^-}$ 作图，可求出 n 值。$(m+n)$ 即为此反应的级数。

将求得的 m 和 n 值代入式 $v = kc^m_{S_2O_8^{2-}}c^n_{I^-}$ 即可求得反应速度常数 k 值。将数据填入表 14-3 中。

表 14-3　反应的速度常数

实验编号	1	2	3	4	5
$\lg v$					
$\lg c_{S_2O_8^{2-}}$					
$\lg c_{I^-}$					
m					
n					
k					

2. 反应活化能的计算

由阿伦尼乌斯公式，反应速度常数 k 与反应温度 T 有下面的关系式：

$$\lg k = A - \frac{E_a}{2.303RT}$$

式中：E_a 为反应活化能；R 为气体常数（8.314 J/(mol·K)）；T 为热力学温度；A 是积分常数（对同一反应，A 值不变）。

测出几个不同温度下的 k 值，以 $\lg k$ 对 $1/T$ 作图，可得一直线，其斜率为 $-\frac{E_a}{2.303R}$，计算出 E_a。将数据填入表 14-4 中。

表 14-4　反应活化能

实验编号	6	4	8
反应速度常数 k			
$\lg k$			
$\frac{1}{T}/K^{-1}$			
反应活化能 E_a/(kJ/mol)			

六、思考题

(1) 实验中为什么必须迅速向 KI、$Na_2S_2O_3$、淀粉的混合液中加 $(NH_4)_2S_2O_8$ 溶液？

(2) 实验中，$Na_2S_2O_3$ 溶液的用量过多或过少，对实验结果有什么影响？

(3) 本实验为什么可以由反应溶液出现蓝色的时间长短来计算反应速度？溶液出现蓝色后反应是否就终止了？

(4) 若先加 $(NH_4)_2S_2O_8$ 溶液，后加 KI 溶液，对实验结果有何影响？

附注：

(1) 为了使每次实验中溶液的离子强度和总体积保持不变，在进行编号 2～5 的实验中所减少的 KI 或$(NH_4)_2S_2O_8$ 的用量可分别用 0.20 mol/L KNO_3 和 0.20 mol/L $(NH_4)_2SO_4$ 溶液来补足。

（2）本实验对试剂有一定的要求。KI 溶液应为无色透明溶液，不能使用有 I_2 析出的浅黄色溶液。$(NH_4)_2S_2O_8$ 溶液久置易分解，因此要用新配制的。如所配制的$(NH_4)_2S_2O_8$ 溶液的 pH 值小于 3，表明固体过硫酸铵已有分解，不适合本实验使用。

（3）在做温度对化学反应速度影响的实验时，如果室温低于 10 ℃，可将温度条件改为室温、高于室温 10 ℃和高于室温 20 ℃三种温度下进行。

实验十五 醋酸电离度和电离常数的测定

一、实验目的

标定醋酸溶液的浓度并测定不同浓度醋酸的 pH 值。计算电离平衡常数，加深对电离平衡常数的理解。巩固滴定操作，学习使用酸度计。

二、实验用品

仪器：酸度计、温度计、碱式滴定管、滴定管夹、铁架台、移液管、吸管、烧杯（50 mL）、锥形瓶、容量瓶。

试剂：HAc（0.1 mol/L）、NaOH（0.1000 mol/L）、酚酞指示剂（1%）、滤纸。

三、实验原理

醋酸（CH_3COOH 简写成 HAc）是弱电解质，在水溶液中存在如下电离平衡：

$$HAc \rightleftharpoons H^+ + Ac^-$$

其电离常数表达式为

$$K_a = \frac{[H^+] \cdot [Ac^-]}{[HAc]} \tag{15-1}$$

设 HAc 的起始浓度为 c，平衡时有

$$[H^+]=[Ac^-],[HAc]=c-[H^+]$$

代入上式计算：

$$K_a = \frac{[H^+]^2}{c-[H^+]} \tag{15-2}$$

HAc 溶液的总浓度 c 可用标准 NaOH 溶液滴定测得。在一定温度下用酸度计测定溶液 pH 值，可确定其电离出来的 H^+ 离子浓度，根据 $pH=-lg[H^+]$，换算出$[H^+]$，代入(15-2)式中，可求得 K_a值，取其平均值，即为该温度下醋酸的电离常数。

当电离度 $\alpha<5\%$时，有

$$K_a = \frac{[H^+]^2}{c}$$

四、实验内容

1. 醋酸溶液浓度的标定[①]

用移液管取 25.00 mL 待标定的浓度约为 0.1 mol/L 的 HAc 溶液，放入 250 mL 的

① 用滴定的方法，利用已知浓度的标准溶液来确定未知溶液的浓度。

锥形瓶中，滴加 3 滴酚酞指示剂，用标准 NaOH 溶液滴定至溶液呈现粉红色，摇动后约半分钟内不褪色时为止。记下所用标准 NaOH 溶液的体积。重复做两次，把结果填入表 15-1 中。

表 15-1　HAc 溶液浓度的标定

实验序号		1	2	3
NaOH 标准溶液浓度/(mol/L)				
HAc 的用量/mL				
NaOH 标准溶液的用量/mL				
HAc 溶液的浓度/(mol/L)	测定值			
	平均值			

2. 配制不同浓度的醋酸溶液

用移液管和吸管分别取 25.00 mL、5.00 mL、2.50 mL 已经测得浓度的醋酸溶液，分别放入三个 50 mL 的容量瓶中，用纯水稀释至刻度，摇匀，编号，计算其准确浓度。

3. 测定醋酸溶液的 pH

取上述三种溶液和原溶液各 30 mL，分别放入四只标有序号的干燥洁净(或用被测溶液淋洗)的 50 mL 烧杯中，按从稀到浓的顺序在酸度计上测其 pH，记录温度和所测数据，填入表 15-2 中，计算醋酸的电离度和电离平衡常数。

表 15-2　HAc 溶液 PH 酸碱度的测定

HAc 溶液顺序号	c/(mol/L)	pH	$[H^+]$/(mol/L)	α	K_a	
					测定值	平均值
1						
2						
3						
4(原溶液)						

五、思考题

(1) 总结浓度、温度对电离度、K_a的影响。

(2) 实验中[HAc]和[Ac^-]是如何测得的？操作时的关键是什么？

(3) 本实验用的小烧杯是否必须烘干？还可以做怎样的处理？

(4) 测定 pH 时，为什么要按溶液的浓度由稀到浓的次序进行？

实验十六　$I_3^- \rightleftharpoons I^- + I_2$ 平衡常数的测定

一、实验目的

通过测定 $I_3^- \rightleftharpoons I^- + I_2$ 的平衡常数，加深对化学平衡、平衡常数以及化学平衡移动的认识。巩固滴定操作。

二、实验用品

仪器：量筒(100 mL、200 mL)、锥形瓶(250 mL)、吸管(10 mL)、移液管(50 mL)、滴定管(碱式)、滴定管夹、碘量瓶(100 mL、250 mL)、洗耳球。

试剂：碘；$Na_2S_2O_3$ 标准液(0.0050 mol/L)、KI(0.0100 mol/L、0.0200 mol/L)、淀粉溶液(0.2%)。

三、实验原理

对于化学平衡 $I_3^- \rightleftharpoons I^- + I_2$，化学平衡常数 $K=\dfrac{[I^-]\cdot[I_2]}{[I_3^-]}$，$[I^-]$、$[I_2]$、$[I_3^-]$是平衡时的浓度。

严格地说，上式中的各项应为活度，但实验中的溶液离子强度不大，用浓度代替活度不会引起大的误差，所以 $K\approx\dfrac{[I^-]\cdot[I_2]}{[I_3^-]}$。

在实验中用固体碘和准确已知浓度的 KI 溶液起摇荡，使反应 $I_3^- \rightleftharpoons I^- + I_2$ 达到平衡，取上层清液，测定其中的$[I^-]$、$[I_3^-]$、$[I_2]$，即可计算得到 K。

在 $I_3^- \rightleftharpoons I^- + I_2$ 体系中，用标准 $Na_2S_2O_3$ 溶液滴定其中的 I_2，平衡向右移动，最终测得的是 $c_1=[I_2]+[I_3^-]$。反应式如下：

$$I_2 + 2Na_2S_2O_3 = 2NaI + Na_2S_4O_6$$

碘的浓度$[I_2]$可通过把碘溶解在纯水中形成饱和溶液，用 $S_2O_3^{2-}$ 滴定其中的 I_2，测得 $c_2=[I_2]$。用这一数值作为 $I_3^- \rightleftharpoons I^- + I_2$ 体系中的$[I_2]$是有一些误差，但对本实验影响不大。

在实验中，KI 的初始浓度如果为 c_0，则在 $I^- + I_2 \rightleftharpoons I_3^-$ 中，形成一个 I_3^- 离子需要一个 I^- 离子，即$[I^-]=c_0-[I_3^-]$。

所以，化学反应平衡式中的各项为$[I_2]=c_2$，$[I^-]=c_0-c_1+c_2$，$[I_3^-]=c_1-c_2$，代入式中计算即可。

四、实验内容

（1）取两只干燥的 100 mL 碘量瓶和一只 250 mL 碘量瓶，分别标上 1、2、3 号。用量筒分别量取 60 mL 0.0100 mol/L KI 溶液注入 1 号瓶，60 mL 0.0200 mol/L KI 溶液注入 2 号瓶，另将 180 mL 纯水注入 3 号瓶。然后在每个瓶内各加入 0.5 g 研细的碘，盖好瓶塞。

（2）将 3 只碘量瓶在室温下振荡或者在磁力搅拌器上搅拌 30 min，倾斜碘量瓶，把瓶底固体碘移向边，静置 10 min，待固体碘完全沉于瓶底后，取上层清液进行滴定。

（3）用 10 mL 吸管取 1 号瓶上层清液两份，分别注入 250 mL 锥形瓶中，再各注入 40 mL 蒸馏水，用 0.0050 mol/L 标准 $Na_2S_2O_3$ 溶液滴定。其中一份加至呈淡黄色时（注意不要滴过量），再加入 4 mL 0.2％淀粉溶液，此时溶液应呈蓝色，继续滴定至蓝色刚好消失，记下所消耗的标准 $Na_2S_2O_3$ 溶液的体积。按同样方法滴定第二份清液。

依同样方法滴定 2 号瓶上层的清液。

（4）用 50 mL 移液管取 3 号瓶上层清液两份，用 0.005 mol/L 标准 $Na_2S_2O_3$ 溶液滴定，方法同上。将实验所得的数据记录在表 16-1 中。

表 16-1　数据记录与处理　　室温：＿＿＿＿℃

编　号		1	2	3
$Na_2S_2O_3$ 标准溶液浓度/(mol/L)				
取样量 V/mL				
$Na_2S_2O_3$ 标准溶液用量/mL	Ⅰ			
	Ⅱ			
	平均			
碘总浓度 c_1/(mol/L)				
$[I_2]=c_2$/(mol/L)				
$[I_3^-]=c_1-c_2$				
$[I^-]=c_0-c_1+c_2$				
K_c				
K_c平均值				

用标准溶液滴定碘时，相应的碘的浓度计算方法如下。

1.2 号瓶：

$$c_1=\frac{c_{Na_2S_2O_3}\cdot V_{Na_2S_2O_3}}{2V_{KI-I_2}}$$

3 号瓶：

$$c'_2=\frac{c_{Na_2S_2O_3}\cdot V_{Na_2S_2O_3}}{2V_{H_2O-I_2}}$$

五、思考题

(1) 如果3只碘量瓶没有充分振荡,对实验结果有何影响。

(2) 为什么本实验中量取标准溶液,有的用移液管,有的可用量筒?

(3) 进行滴定分析之前,所用仪器要做哪些准备?

(4) 在实验中以固体碘与水的平衡浓度代替碘与I^-离子的平衡浓度,会引起怎样的误差?为什么可以代替?

(5) 滴定结束后,溶液放置一段时间后会变蓝,对结果有影响吗?

附注:

(1) 如果达到平衡后还有较多的碘,注意在吸取清液时不要吸上瓶底的碘,否则会使误差增大。

(2) 加入的淀粉指示剂不要过早也不要过量,因淀粉吸附I_2形成配合物会引起误差。

(3) 本实验剩余的各种碘水溶液可以回收,用于以后的实验。

实验十七　氧化还原反应

一、实验目的

掌握氧化型或还原型物质的浓度、介质的酸度等因素对电极电势、氧化还原反应的方向、产物、速率的影响。了解化学电池电动势，学会装配原电池。

二、实验用品

仪器：试管、离心试管(10 mL)、烧杯(100 mL、250 mL)、伏特计(或酸度计)、表面皿、U形管。

试剂：琼脂、氟化铵、锌粒；HCl(浓)、HNO_3(2 mol/L、浓)、HAc(6 mol/L)、H_2SO_4(1 mol/L)、NaOH(6 mol/L，40%)、$NH_3 \cdot H_2O$(浓)、$ZnSO_4$(1 mol/L)、$CuSO_4$(0.01 mol/L、1 mol/L)、KI(0.1 mol/L)、KBr(0.1 mol/L)、$FeCl_3$(0.1 mol/L)、$(NH_4)Fe(SO_4)_2$(0.1 mol/L)、$(NH_4)_2Fe(SO_4)_2$(0.1 mol/L)、$FeSO_4$(1 mol/L)、H_2O_2(3%)、Na_3AsO_3(0.1 mol/L)、$K_2Cr_2O_7$(0.4 mol/L)、$KMnO_4$(0.01 mol/L)、$Na_2S_2O_3$(0.1 mol/L)、Na_2SO_4(1 mol/L)、氯水、溴水、碘水、KCl(饱和)、CCl_4、酚酞指示剂、淀粉溶液(0.4%)；电极(锌片，铜片)、碳棒、铁片、回形针、红色石蕊试纸(或酚酞试纸)、导线、砂纸、滤纸。

三、实验内容

1. 氧化还原反应和电极电势

实验数据填入表17-1中。

表17-1　实验数据1

操作		现象	解释
5滴0.1 mol/L的KI溶液	2滴0.1 mol/L $FeCl_3$溶液，0.5 mL CCl_4		
5滴0.1 mol/L的KBr溶液			
5滴0.1 mol/L的KBr溶液	5滴氯水，0.5 mL CCl_4		

由实验结果总结比较：Cl_2/Cl^-、Br_2/Br^-、I_2/I^-、Fe^{3+}/Fe^{2+}的电极电势大小。

2. 浓度和酸度对电极电势的影响

1) 浓度的影响

(1) 往一只小烧杯中加入约30 mL 1 mol/L $ZnSO_4$溶液，在其中插入锌片；往另一

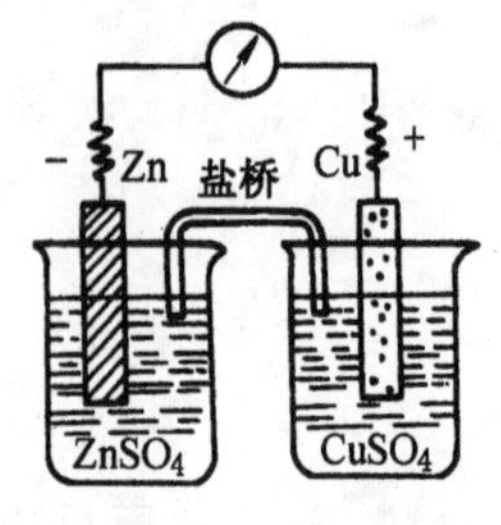

图 17-1　Cu-Zn 原电池

只小烧杯中加入约 30 mL 1 mol/$CuSO_4$ 溶液，在其中插入铜片。用盐桥将二烧杯相连，组成一个原电池。用导线将锌片和铜片分别与伏特计（或酸度计）的负极和正极相接，测量两极之间的电压（见图 17-1）。

在 $CuSO_4$ 溶液中注入浓氨水至生成的沉淀溶解为止，形成深蓝色的溶液：

$$Cu^{2+} + 4NH_3 \xlongequal{} [Cu(NH_3)_4]^{2+}$$

测量电压，观察有何变化。

再在 $ZnSO_4$ 溶液中加入浓氨水至生成的沉淀完全溶解为止：

$$Zn^{2+} + 4NH_3 = [Zn(NH_3)_4]^{2+}$$

测量电压，观察又有什么变化。利用 Nernst 方程式来解释实验现象。

(2) 用教师所给的材料组装下列浓差电池，并测定电动势，将实验值与计算值比较：

$$Cu \mid CuSO_4(0.01\ mol/L) \parallel CuSO_4(1\ mol/L) \mid Cu$$

在浓差电池的两极各连一个回形针，然后在表面皿上放一小块滤纸，滴加 1 mol/L Na_2SO_4 溶液，使滤纸完全湿润，再加入酚酞 2 滴。将两极的回形针压在纸上，使其相距约 1 mm，稍等片刻，观察所压处，哪一端出现红色。

2) 酸度的影响

测定以下电池的两极的电压：

$$Fe \mid FeSO_4(1\ mol/L) \parallel K_2Cr_2O_7(0.4\ mol/L) \mid \text{石墨电极}$$

在重铬酸钾电极中，逐滴加入 1 mol/L H_2SO_4 溶液，观察电压有何变化？再往该溶液中滴加 6 mol/L NaOH 溶液，观察电压又有何变化？为什么？用 Nernst 方程解释实验现象，写出电池符号及电池反应方程式。

3. 酸度和浓度对氧化还原反应产物的影响

1) 浓度的影响

实验数据填入表 17-2 中。

表 17-2　实验数据 2

操　　作		产生的气体颜色	用气室法检验溶液中 NH_4^+
锌粒	5 滴浓硝酸		
	5 滴稀硝酸		

用气室法检验 NH_4^+ 离子见附注。

2) 酸度的影响

实验数据填入表 17-3 中。

表 17-3　实验数据 3

操　作			现　象	解　释
0.1 mol/L Na_2SO_3	3 滴 1 mol/L H_2SO_4	2 滴 0.01 mol/L $KMnO_4$ 溶液		
	3 滴纯水			
	3 滴 6 mol/L NaOH			

4. 浓度和酸度对氧化还原反应方向的影响

1）浓度的影响

(1) 盛有 H_2O、CCl_4 和 0.1 mol/L $Fe_2(SO_4)_3$ 各 5 滴的试管中加入 5 滴 0.1 mol/L KI 溶液，振荡后观察 CCl_4 层的颜色。

(2) 盛有 CCl_4、1 mol/L $(NH_4)_2Fe(SO_4)_2$ 和 0.1 mol/L $NH_4Fe(SO_4)_2$ 各 5 滴的试管中加入 5 滴 0.1 mol/L KI 溶液，振荡后观察 CCl_4 层的颜色。与上一实验 CCl_4 层的颜色有什么区别？为什么？

(3) 在实验(1)的试管中，加入少许 NH_4F 固体，振荡，观察 CCl_4 层颜色的变化。为什么？并写出反应方程式。

2）酸度的影响

取 3～4 滴 0.1 mol/L 亚砷酸钠溶液于试管中，滴加碘水 2 滴，观察溶液的颜色。然后加 1 滴浓盐酸酸化，溶液又有何变化？解释实验现象，写出离子反应方程式。

5. 酸度对氧化还原反应速率的影响

在两支各盛 5 滴 0.1 mol/L KBr 溶液的试管中，分别加入 2 滴 1 mol/L H_2SO_4 和 6 mol/L HAc 溶液，然后各加入 2 滴 0.01 mol/L $KMnO_4$ 溶液，观察两支试管中紫红色褪去的速度。分别写出有关反应方程式。

6. 氧化数居中的物质的氧化还原性

(1) 在试管中加入 5 滴 0.1 mol/L KI 和 2 滴 2 mol/L H_2SO_4，再加入 1～2 滴 3% H_2O_2，观察试管中溶液颜色的变化。

(2) 在试管中加入 2 滴 0.01 mol/L $KMnO_4$ 溶液，再加入 2 滴 1 mol/L H_2SO_4 溶液，摇匀后滴加 2 滴 3% H_2O_2，观察溶液颜色的变化。

四、思考题

(1) 为什么 H_2O_2 既具有氧化性，又具有还原性？试从电极电势予以说明。

(2) 重铬酸钾与盐酸反应能否制得氯气？重铬酸钾与氯化钠溶液反应能否制得氯气？为什么？

(3) 什么叫浓差电池？写出实验中的浓差电池反应式，并计算电池电动势。

(4) 介质对 $KMnO_4$ 的氧化性有何影响？用本实验事实及电极电势予以说明。

(5) 酸度对 Cl_2/Cl^-、Br_2/Br^-、I_2/I^-、Fe^{3+}/Fe^{2+}、Cu^{2+}/Cu、Zn^{2+}/Zn 电对的电极电势有无影响？为什么？

(6) 写出电对 $Cr_2O_7^{2-}/Cr^{3+}$ 与电对 Fe^{2+}/Fe 组成原电池的电池符号和电池反应。计算当 $Cr_2O_7^{2-}/Cr^{3+}$ 电极溶液 pH=6.00,$[Cr_2O_7^{2-}]=[Cr^{3+}]=[Fe^{2+}]=1.0$ mol/L 时原电池的电动势。

附注：

1. 盐桥的制法

称取 1 g 琼脂，放在 100 mL KCl 饱和溶液中浸泡一会儿，在不断搅拌下加热煮成糊状，趁热倒入 U 形玻璃管中(管内不能留有气泡，否则会增加电阻)，冷却即成。

更为简便的方法可用 KCl 饱和溶液装满 U 形玻璃管，两管口以小棉花球塞住(管内不留有气泡)，也可作为盐桥使用。

实验中还可用素烧瓷筒作为盐桥。

2. 用气室法检验 NH_4^+ 离子

将稀硝酸与锌反应的溶液倒在一表面皿上。另取块较小的表面皿，在其中心黏附一小条湿的红色石蕊试纸(或广泛 pH 试纸)。在反应液表面皿中心加 3 滴 40% NaOH 溶液，立即扣上粘有试纸条的表面皿，使之形成气室。将此气室放在手心(有暖气时，可放在暖气片上)温热几分钟，如观察到试纸条变蓝，则证明有 NH_4^+ 存在。

实验十八　配合物的生成和性质

一、实验目的

熟悉配合物的生成方法和组成特点。了解配离子和简单离子、配合物和复盐的区别。掌握沉淀反应、氧化还原反应及溶液的酸碱性对配位平衡的影响。了解螯合物形成的条件。

二、实验用品

仪器：试管、白瓷点滴板。

试剂：$CoCl_2 \cdot 6H_2O$；H_2SO_4（浓）、HCl（浓）、NaOH（2 mol/L、0.1 mol/L）、$NH_3 \cdot H_2O$(2 mol/L)、$HgCl_2$（0.1 mol/L）、$BaCl_2$（0.5 mol/L）、$FeCl_3$（0.5 mol/L，0.1 mol/L）、$SnCl_2$（0.1 mol/L）、NaCl（0.1 mol/L）、KI（0.1 mol/L）、KBr（0.1 mol/L）、NH_4F（4 mol/L）、$CuSO_4$（0.1 mol/L）、$(NH_4)_2Fe(SO_4)_2$（0.1 mol/L）、$Na_2S_2O_3$（0.1 mol/L）、$NiSO_4$（0.1 mol/L）、$AgNO_3$（0.1 mol/L）、$(NH_4)_2C_2O_4$（饱和）、KSCN（0.1 mol/L）、$K_3[Fe(CN)_6]$（0.1 mol/L）、$K_4[Fe(CN)_6]$（0.1 mol/L）、二乙酰二肟（1%）、无水乙醇、碘水、EDTA（0.1 mol/L）、CCl_4。

三、实验内容

1. 配合物的生成

（1）在试管中加入 10 滴 0.1 mol/L $CuSO_4$ 溶液，逐滴加入 2 mol/L $NH_2 \cdot H_2O$ 溶液，产生沉淀后继续滴加氨水，直至生成深蓝色溶液。将此溶液分为两份，一份留做下面实验用，在另一份中加入 3～4 mL 无水乙醇，观察有何现象？

（2）往试管中滴入 2 滴 0.1 mol/L $HgCl_2$ 溶液，逐滴加入 0.1 mol/L KI 溶液，观察红色 HgI_2 沉淀的生成，继续滴加过量 KI 溶液，观察现象，并写出反应方程式。

2. 配合物的组成

（1）在两支试管中各加入 2 滴 0.1 mol/L $CuSO_4$ 溶液，然后分别加入 1 滴 0.5 mol/L $BaCl_2$ 溶液和 1 滴 0.1 mol/L NaOH 溶液，观察现象，并写出反应方程式。

（2）将实验配合物的生成(1)保留的溶液分成两份，一份加入 1 滴 0.5 mol/L $BaCl_2$ 溶液，另一份加入 1 滴 0.1 mol/L NaOH 溶液，观察现象，并写出反应方程式。根据实验结果，分析该铜氨配合物的内界和外界的组成。

3. 简单离子与配离子、复盐与配合物的区别

（1）在试管中加入 5 滴 0.1 moL/L $FeCl_3$ 溶液，再加入 3 滴 0.1 mol/L KI 溶液，然后加入 5 滴 CCl_4，充分振荡后观察 CCl_4 层的颜色，并写出反应方程式。

以 0.1 mol/L $K_3[Fe(CN)_6]$ 溶液代替 $FeCl_3$ 溶液，做同样的实验，观察现象。比较两者有何不同，并加以解释。

（2）在试管中加入 5 滴碘水，观察颜色。然后加 2 滴 0.1 mol/L $(NH_4)_2Fe(SO_4)_2$ 溶液，观察碘水是否褪色。

以 0.1 mol/L $K_3[Fe(CN)_6]$ 溶液代替 $FeSO_4$ 溶液做同样的实验观察现象。比较两者有何不同，并加以解释。

（3）在试管中加入 5 滴 0.1 mol/L $FeCl_3$ 溶液，然后加入 2 滴 0.1 mol/L KSCN 溶液，观察现象，并写出反应方程式（保留溶液待以后实验用）。

以 0.1 mol/L$K_3[Fe(CN)_6]$ 溶液代替 $FeCl_3$ 溶液，做同样的实验，观察现象有何不同，并解释原因。

根据以上实验，说明简单离子和配离子有哪些区别。

（4）用实验说硫酸铁铵是复盐，铁氰化钾是配合物，写出操作步骤并用实验验证。

4. 配离子稳定性比较

取 2 滴 0.1 moI/L $FeCl_3$ 溶液于试管中，加入 1 滴 0.1 moI/L KSCN 溶液，观察溶液颜色的变化，再滴加 4 moI/L NH_4F 溶液，直至溶液颜色完全褪去，然后往溶液中再滴加饱和 $(NH_4)_2C_2O_4$ 溶液，观察溶液颜色又有何变化，并写出有关反应方程式。

根据溶液颜色的变化，比较这三种 Fe(Ⅲ)配离子的稳定性。

5. 配位平衡的移动

1）配离子的离解和平衡移动

取米粒大小的 $CoCl_2 \cdot 6H_2O$ 于试管中，加水溶解，观察现象。再往试管中滴加浓盐酸，观察颜色变化，再滴加水，颜色又有何改变，解释现象：

$$[Co(H_2O)_6]^{2+} + 4Cl^- = [CoCl_4]^{2-} + 6H_2O$$

2）配位平衡与沉淀溶解平衡

往试管加入 3 滴 0.1 moL/L $AgNO_3$ 溶液，加 1 滴 0.1 mol/L NaCl 溶液，有什么现象？再往试管中滴加 2 moL/L $NH_3 \cdot H_2O$ 有何现象？再往试管中滴加 0.1 moL/L KBr 溶液，又有什么现象？再往试管中滴加 0.1 mol/L $Na_2S_2O_3$ 溶液，振荡，有什么现象？再往试管中滴加 0.1 mol/L KI 溶液，又有什么现象？根据难溶物的溶度积和配合物的稳定常数解释上述一系列现象，并写出有关反应方程式。

3）配位平衡与氧化还原反应

取两支试管各加入 2 滴 0.1 mol/L $FeCl_3$ 溶液，然后向一支试管中加 5 滴饱和草酸铵溶液，另一支试管加 5 滴蒸馏水，再向两支试管中各加 3 滴 0.1 mol/L 碘化钾溶液和 5 滴四氯化碳，振荡试管。观察两支试管中四氯化碳层的颜色，并解释实验现象。

4）配位平衡与酸碱反应

（1）在试管中加入 10 滴 0.5 mol/L $FeCl_3$ 溶液，再逐滴加入 4 mol/L NH_4F 溶液，充分振荡至无色。将溶液分成两份，一份加入几滴 2 mol/L NaOH 溶液，另一份加入几滴浓硫酸，观察现象，并写出反应方程式。

（2）将自制的$[Cu(NH_3)_4]^{2+}$溶液分成两份，在其中一份中逐滴加入 1 mol/L 的硫酸，观察现象，并写出反应方程式（另一份留在后面实验用）。

6．螯合物的生成

（1）取 1 滴 0.1 mol/L $NiSO_4$ 溶液于点滴板上，加入 1 滴 2 mol/L 的氨水和 1 滴 1％二乙酰二肟溶液，观察有什么现象？

Ni^{2+} 离子与二乙酰二肟反应生成鲜红色的内络盐沉淀（见图 18-1）。

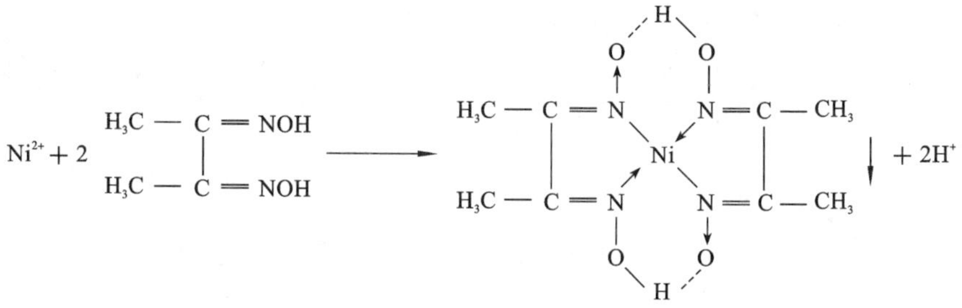

$$Ni^{2+} + 2\begin{array}{l} H_3C - C = NOH \\ \qquad\quad | \\ H_3C - C = NOH \end{array} \longrightarrow \begin{array}{ccccc} & & O \cdots H \cdots O & & \\ & & \uparrow \qquad\quad | & & \\ H_3C - C = & N & & N & = C - CH_3 \\ | & & \searrow Ni \swarrow & & | \\ H_3C - C = & N & \nearrow \quad \nwarrow & N & = C - CH_3 \\ & & | \qquad\quad \downarrow & & \\ & & O \cdots H \cdots O & & \end{array} \downarrow + 2H^+$$

图 18-1　Ni^{2+} 离子与二乙酰二肟反应生成鲜红色的内络盐沉淀

H^+ 离子浓度过大不利于内络盐的生成，而 OH^- 离子的浓度也不宜太高，否则会生成 $Ni(OH)_2$ 沉淀。合适的 pH 值为 5～10。

（2）在前面保留的硫氰酸铁和$[Cu(NH_3)_4^+$ 溶液的试管中，各滴加 0.1 mol/L 的 EDTA 溶液，观察现象并加以解释。写出有关的反应方程式。

四、思考题

（1）通过实验总结简单离子形成配离子后，哪些性质会发生改变？

（2）影响配位平衡的主要因素是什么？

（3）Fe^{3+} 离子可以将 I^- 氧化成为 I_2，而自身被还原成 Fe^{2+} 离子，但 Fe^{2+} 离子的配离子$[Fe(CN)_6]^{4-}$ 又能将 I_2 还原成为 I^-，而自身被氧化成$[Fe(CN)_6]^{3-}$，如何解释此现象。

（4）如何利用配合反应来分离混合物中的 Cu^{2+}、Fe^{3+} 和 Ba^{2+}？试设计其分离过程。

附注：

(1) $HgCl_2$ 有毒，使用时要注意安全。实验后废液不要倒入下水道，必须回收到教师指定的容器中。

(2) 进行本实验时，凡是生成沉淀的步骤，沉淀量要少，即到刚生成沉淀为宜。凡是使沉淀溶解的步骤，加入溶液的量以能使沉淀刚溶解为宜。因此，溶液必须逐滴加入，且边加边振荡。若试管中溶液量太多，可在生成沉淀后，先离心分离弃去清液，再继续进行实验。

(3) 在酸性溶液中进行的关于 NH_4F 的实验一定要在通风橱进行，以防 HF 的产生，并且在实验完毕后尽快处理废液——加入碱。

实验十九　磺基水杨酸铁(Ⅲ)配合物的组成及其稳定常数的测定

一、实验目的

了解用光度法测定配合物的组成及其稳定常数的原理和方法。测定 pH＝2 时磺基水杨酸铁(Ⅲ)配合物的组成及其稳定常数。学习分光光度的使用方法。

二、实验用品

仪器：721 型分光光度计、烧杯(50 mL)、容量瓶(50 mL)、吸量管(20 mL)。

试剂：磺基水杨酸(0.0150 mol/L)、H_2SO_4(0.005 mol/L)、硫酸高铁铵(0.0150 mol/L)。

三、实验原理

磺基水杨酸（HO—C_6H_3(COOH)—SO_3H 记作 H_3L）与 Fe^{3+} 离子可以形成稳定的配合物，因介质酸性的不同，形成配合物的组成也不同。当 pH＝2～3 时，生成紫红色的 FeL 配合物；当 pH＝4～9 时，生成红色的 FeL_2 配合物；当 pH＝9～11.5 时，生成黄色的 FeL_3 配合物；当 pH＞12 时，有色配合物被破坏，生成 $Fe(OH)_3$ 沉淀。本实验将测定 pH＝2 时形成紫红色的磺基水杨酸铁(Ⅲ)配合物 FeL 的组成及其稳定常数。

磺基水杨酸是无色的，Fe^{3+} 离子溶液的浓度很稀，也可以认为是无色的，只有磺基水杨酸铁(Ⅲ)配离子(ML_n)是有色的。因此，溶液的吸光度只与配离子的浓度成正比。测定溶液的吸光度，就可以求出该配离子的组成。

常用等摩尔系列法进行配离子组成的测定。

对于配合反应：

$$M + nL \rightleftharpoons ML_n\text{（略去电荷）}$$

为了测定配合物 ML_n 的组成，可用其物质的量浓度相等的 M 溶液和 L 溶液配成一系列 M 和 L 总物质的量不变，但两者的摩尔分数连续变化的混合溶液。用一系列波长的单色光测定它们的吸光度，作吸光度—组成图。与最大吸光度（即溶液对光的吸收最大）相对应的溶液的组成，即是配合物的组成。例如，若在系列混合溶液中，其配位体的摩尔分数等于 0.5 的溶液吸光度最大，那么在该溶液中 L 与 M 的物质量之比为 1∶1，所以配合物的组成也是 1∶1，即形成 ML 配合物。如图 19-1 所示，在极大值 B 左边的所

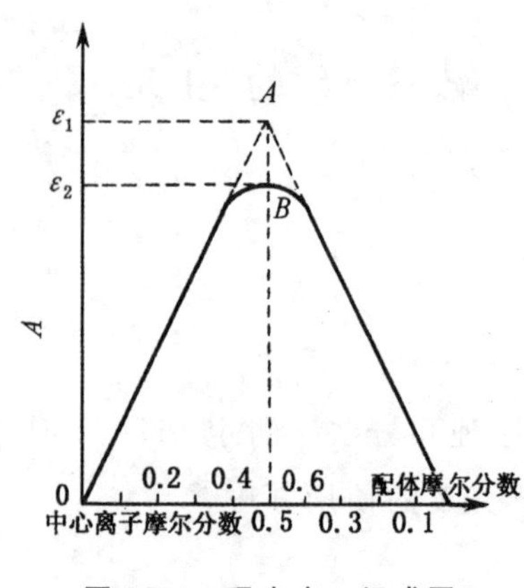

图 19-1 吸光度—组成图

有溶液中，对于形成 ML 配合物来说，M 离子是过量的，配合物的浓度由 L 决定。而这些溶液中 x_L 都小于 0.5，所以它们形成的配合物 ML 的浓度也都小于与极大值 B 相对应的溶液，因此其吸光度也都小于 B。处于极大值 B 右边的所有溶液中 L 是过量的，配合物的浓度由 M 决定。而这些溶液的 x_M 也都小于 0.5，因而形成的 ML 的浓度也都小于与极大值 B 相应的溶液。所以，只有在 $x_L = x_M = 0.5$ 的溶液中，也就是其组成(M∶L)与配合物组成一致的溶液中，配合物浓度最大，其吸光度也最大。

由于中心离子和配位体基本无色，只有配离子有色，所以配离子的浓度越大，溶液的颜色越深，其吸光度也就越大。若以吸光度对配体的摩尔分数作图，则从图 19-1 中最大吸收峰处可以求得配合物的组成 n 值，根据最大吸收处，有

$$\text{配体摩尔分数} = \frac{\text{配体物质的量}}{\text{总物质的量}} = 0.5$$

$$\text{中心离子摩尔分数} = \frac{\text{中心离子物质的量}}{\text{总物质的量}} = 0.5$$

$$n = \frac{\text{配体摩尔分数}}{\text{中心离子摩尔分数}}$$

由此可知该配合物的组成是 ML。

由图 19-1 可看出，最大吸光度 A 点可被认为 M 和 L 全部形成配合物时的吸光度，其值为 ε_1。由于配离子有一部分离解，其浓度要稍小一些，所以实验测得的最大吸光度在 B 点，其值为 ε_2，配离子的离解度 α 可表示为

$$\alpha = \frac{\varepsilon_1 - \varepsilon_2}{\varepsilon_1}$$

$$M + L \rightleftharpoons ML$$

平衡浓度：

$$c\alpha \qquad c\alpha \qquad c - c\alpha$$

$$K = \frac{[ML]}{[M][L]} = \frac{1-\alpha}{c\alpha^2}$$

式中：c 为相应于 A 点的金属离子浓度。

四、实验内容

1. 配制溶液

(1) 配制 0.0015 mol/L Fe^{3+} 溶液。精确取 25.0 mL 0.0150 mol/L Fe^{3+} 溶液，注入

250 mL 容量瓶中，用 0.005 mol/L H_2SO_4 溶液稀释至刻度，摇匀备用。同法配制0.0015 mol/L 磺基水杨酸溶液。

(2) 用三支吸量管按下表列出的体积，分别吸取 0.005 mol/L H_2SO_4，0.0015 mol/L Fe^{3+}溶液和 0.0015 mol/L 磺基水杨酸溶液，一一注入 11 只 50 mL 容量瓶中摇匀，加 0.005 mol/L H_2SO_4 定容至刻度线。

2. 测定系列溶液的吸光度

用 721 型分光光度计(用波长为 500 nm 的光源)测定系列溶液的吸光度。将测得的数据记入表 19-1 中。

表 19-1　数据记录和处理

序　号	H_2SO_4 溶液的体积/mL	Fe^{3+} 溶液的体积/mL	H_3L 溶液的体积/mL	Fe^{3+} 摩尔分数	吸光度 A
1	5	0	20		
2	5	2	18		
3	5	4	16		
4	5	6	14		
5	5	8	12		
6	5	10	10		
7	5	12	8		
8	5	14	6		
9	5	16	4		
10	5	18	2		
11	5	20	0		

以吸光度对 Fe^{3+} 摩尔分数作图，从图中找出最大吸收峰，求配合物的组成和稳定常数 K_f。

五、思考题

(1) 用等摩尔系列法测定配合物组成时，为什么说溶液中金属离子与配体的物质的量之比正好与配离子组成相同时，配离子的浓度最大？

(2) 用吸光度对配体的体积分数作图是否可求得配合物的组成？

(3) 在测定中为什么要加硫酸，且硫酸浓度比 Fe^{3+} 离子浓度约大 3 倍？

(4) 若 Fe^{3+} 与磺基水杨酸在 pH＝9.0 的条件下进行络合，则要加什么？求配合物

的组成和稳定常数 K_f。

(5) 在测定吸光度时，如果温度变化较大，对测得的稳定常数有何影响？

(6) 在实验中，每个溶液的 pH 值是否一样，如果不一样对结果有何影响？

(7) 使用分光光度计要注意哪些事项？

实验二十　碘酸铜溶度积的测定

一、实验目的

了解分光光度法测定难溶电解质溶度积的原理和方法。学习分光光度计的使用方法。练习沉淀的洗涤及抽滤操作。

二、实验用品

仪器：循环水真空泵、抽滤瓶、漏斗、表面皿、电子天平、电炉、烧杯（250 mL）、容量瓶（100 mL、50 mL）、移液管（2 mL、5 mL）。

试剂：KIO_3、$CuSO_4 \cdot 5H_2O$、$NH_3 \cdot H_2O$（6 mol/L）、蒸馏水。

三、实验原理

常用的难溶电解质溶度积的测定方法有电动势法、电导法、分光光度法等，其实质均为测定一定条件下溶液中的相关离子浓度，从而得到 K_{sp}。本实验用分光光度法测难溶电解质碘酸铜的溶度积。

$Cu(IO_3)_2$ 在水中达到溶解度平衡时，有

$$Cu(IO_3)_2(s) \rightleftharpoons Cu^{2+}(aq) + 2IO_3^-(aq)$$

$$c(Cu^{2+}) = \frac{c(IO_3^-)}{2}$$

上式的平衡常数为 $Cu(IO_3)_2$ 的溶度积常数：

$$K_{sp}[Cu(IO_3)_2] = c(Cu^{2+}) \times c(IO_3^-)^2 = 4\,c(Cu^{2+})^3$$

达到平衡时，溶液饱和，通过测定 Cu^{2+} 的浓度，计算碘酸铜的溶度积 K_{sp}。

本实验采用一系列已知浓度的 Cu^{2+} 溶液，加入氨水形成深蓝色 $Cu(NH_3)_4^{2+}$ 配离子，用分光光度计在 660 nm 处测出一系列相应吸光度 A（有效溶液浓度范围为 $1 \sim 1 \times 10^{-2}$ mol/L），并以吸光度 A 为纵坐标，Cu^{2+} 浓度为横坐标作图，描绘出 A-$c(Cu^{2+})$ 的标准曲线图。再在同样条件下，测定待测溶液（加入等量氨水）的吸光度，在标准曲线上查出此吸光度对应的 Cu^{2+} 浓度。最后由此饱和溶液中的 Cu^{2+} 浓度算出 $Cu(IO_3)_2$ 的溶度积常数。

四、实验内容

1. $Cu(IO_3)_2$ 的制备

用台秤称取 KIO_3 晶体 2.7 g，放于 100 mL 烧杯中，加水 50 mL；称取 $CuSO_4 \cdot 5H_2O$

晶体 1.5 g 置于 50 mL 烧杯中，加水 20 mL，待晶体完全溶解后把 $CuSO_4$ 溶液倒入 KIO_3 溶液中，搅拌后加热至沸腾，然后静置烧杯，待完全沉降后，倒去上层清液，洗涤并抽滤沉淀 2～3 次，得到洁净的 $Cu(IO_3)_2$ 固体。

2. 标准曲线的制作

(1) 准确称取 2.07 g $Cu(IO_3)_2$ 固体置入 50 mL 烧杯中，加适量 6 mol/L 氨水溶解固体，用蒸馏水稀释并转移至 100 mL 容量瓶中，定容摇匀配成 0.1000 mol/L $Cu(IO_3)_2$ 标准溶液。

(2) 用移液管分别按下表列出的体积，吸取 0.1000 mol/L $Cu(IO_3)_2$ 标准溶液置于 6 只编号为 1～6 号的 50 mL 容量瓶中，再用移液管向每只容量瓶中加入 2.00 mL 6 mol/L 氨水，用去离子水稀释至刻度线，摇匀。

(3) 用 3 cm 比色管，以空白试剂作参比，在 660 nm 处测出上面配制溶液的吸光度，填入表 20-1 中，以 Cu^{2+} 离子浓度对吸光度 A 做出标准曲线。

表 20-1　数据记录和处理

测量编号	1	2	3	4	5	6	7(饱和 $Cu(IO_3)_2$ 溶液)	
							1	2
$V_{母液}$(mL)	0.00	0.80	1.60	2.40	3.20	4.00	50.00	50.00
$NH_3 \cdot H_2O$ 溶液	2.00	2.00	2.00	2.00	2.00	2.00	2.00	2.00
A								

3. $Cu(IO_3)_2$ 饱和溶液的配制

将适量 $Cu(IO_3)_2$ 固体转入大烧杯，加入去离子水 200 mL，加热至沸腾 2 min，静置，上层清液即为 $Cu(IO_3)_2$ 饱和溶液。

4. 饱和 $Cu(IO_3)_2$ 溶液中的 Cu^{2+} 浓度测定

用饱和 $Cu(IO_3)_2$ 溶液润洗 7 号的 50 mL 容量瓶 3 次，用移液管吸取 6 mol/L 氨水 2.00 mL，再加入饱和 $Cu(IO_3)_2$ 溶液到刻度线，摇匀。倒出 2 份样品在同样条件下分别测吸光度，填入表 20-1 中。并在标准曲线上查找出对应 Cu^{2+} 浓度。最后以 1.4×10^{-7} 为标准值计算相对误差，并进行误差分析。

计算 $Cu(IO_3)_2$ 的溶度积常数 K_{sp}。

五、思考题

(1) $Cu(IO_3)_2$ 溶度积常数测定实验中，加入氨水的目的是什么？

(2) 为什么用饱和 $Cu(IO_3)_2$ 溶液润洗 7 号容量瓶？

Ⅲ　元素实验

实验二十一　卤　素

一、实验目的

学习实验室制备氯气、氯酸盐、次氯酸盐的方法及反应条件。了解卤素单质及化合物的主要性质。

二、实验用品

仪器：铁架台、石棉网、蒸馏烧瓶、分液漏斗、三脚架、锥形瓶、集气瓶、试管、支管试管、烧杯酒精灯、燃烧勺、表面皿。

试剂：二氧化锰、锑粉、红磷、硫粉、氯酸钾、碘、氯化钠、溴化钠、碘化钠；NaOH(2 mol/L，6 mol/L)、KOH(30%)、KI(0.2 mol/L)、KBr(0.2 mol/L)、NaCl(0.2 mol/L)、$MnSO_4$(0.2 mol/L)、H_2SO_4(1 mol/L，浓)、HNO_3(6 mol/L)、HCl(2 mol/L，浓)、KIO_3(饱和)、$NaHSO_3$(0.2 mol/L)、$AgNO_3$(0.2 mol/L)、氯水、溴水、碘水、四氯化碳、淀粉溶液、品红溶液；pH 试纸、碘化钾—淀粉试纸、醋酸铅试纸、石蕊试纸、玻璃片、滤纸、棉花。

三、实验内容

1. 氯酸钾和次氯酸钠的制备

实验装置如图 21-1 所示。蒸馏烧瓶中放入 15.0 g 二氧化锰，分液漏斗中加入 30 mL 浓盐酸；A 管中加入 15 mL 30%的氢氧化钾溶液，A 管置于 70～80 ℃的水浴中；B 管装有 15 mL 2 mol/L 的 NaOH 溶液并置于冰水浴中；C 管装有 15 mL 蒸馏水；D 瓶装有 2 mol/L 的 NaOH 溶液以吸收多余的氯气。锥形瓶出口覆盖浸过硫代硫酸钠溶液的棉花。

首先检查装置的气密性。在确保系统严密后，旋开分液漏斗的活塞，点燃氯气发生器下方的酒精灯，让浓盐酸缓慢而均匀地滴入蒸馏瓶中，反应生成的氨气均匀地通过 A、B、C 管。当 A 管中碱液呈黄色，进而出现大量小气泡，溶液由黄色转变为无色时，停

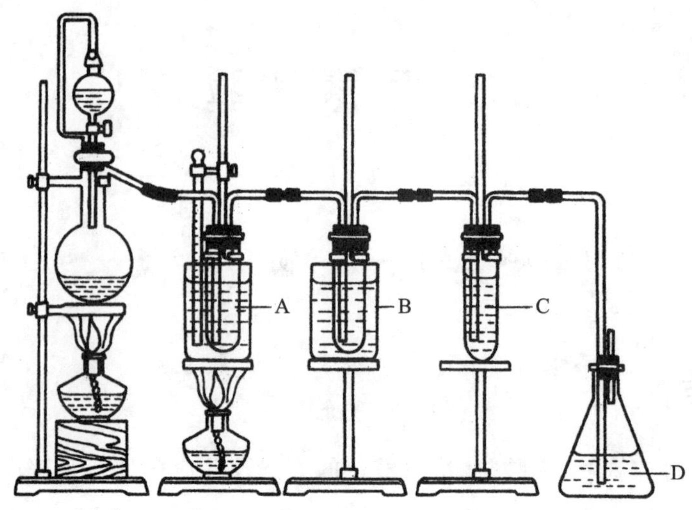

图 21-1　氯酸钾、次氯酸钠的制备

止加热氯气发生器。待反应停止后，向蒸馏瓶中注入大量水，然后拆除装置。冷却 A 管中的溶液，析出氯酸钾晶体。过滤，用少量冷水洗涤晶体一次，用倾析法倒掉溶液，将晶体移至表面皿上，用滤纸吸干。所得氯酸钾、B 管中的次氯酸钠和 C 管中的氯水留作下面的实验用。

记录现象，写出蒸馏瓶、A 管、B 管中所发生的化学反应方程式。

制备实验要在通风橱中进行(若通风条件不好，可演示以上实验，收集 2 个集气瓶氯气供下面实验使用)。

2．氯气和溴的氧化性

1）氯气与磷的反应

取豆粒大小红磷放在燃烧勺中，在酒精灯上加热点燃后插入盛氯气的集气瓶中，观察燃烧情况和产物的颜色、状态。

2）氯气与锑粉的反应

取少量锑粉放在针扎数个小孔的硬纸片上，把纸片盖在盛装氯气的集气瓶上，小孔对准集气瓶中心。轻轻弹动硬纸片使锑粉撒落集气瓶中，观察反应现象。

3）溴与锑粉的反应

取 3～4 滴溴加入干燥的集气瓶中，盖上毛玻璃片，微热后溴变成气体，将微热的锑粉撒落其中，观察反应现象，与氯气反应有何不同?

以上实验要在通风橱中进行，若通风条件不好，可做演示。

4）氯水与碘离子的反应

往盛有 2 滴 0.2 mol/L 的碘化钾和 5 滴四氯化碳混合溶液的试管中滴加氯水，边滴加边振荡，观察颜色的变化情况。解释四氯化碳层由无色变粉红又变无色的原因。

3. Cl_2、Br_2、I_2 的氧化性及 Cl^-、Br^-、I^- 还原性的比较

1）用所给试剂设计实验，验证卤素单质的氧化顺序和卤离子的还原性强弱

根据实验现象写出反应方程式，查出有关的标准电极电势，说明卤素单质的氧化顺序和卤离子的还原性顺序。

2）溴和碘的歧化反应

在试管中加入 1 滴溴水（什么颜色），然后加入 1 滴 2 mol/L NaOH 溶液并振荡试管，有什么现象发生。再加入 2 滴 2 mol/L HCl，又有什么现象出现。写出反应方程式。

用碘水代替溴水，进行与上面相同的实验。观察实验现象，并写出反应方程式。

4. 卤化氢的生成和性质

1）碘化氢的生成

取少量碘和红磷，将二者混合均匀，放在干燥的带支管的试管里，滴 2 滴水，塞上胶塞，连通带尖嘴的导管，微微加热试管。用湿的蓝石蕊试纸检验生成气体的酸碱性，并用干燥的试管收集碘化氢气体，收集完后塞上胶塞供下面实验用。

2）氯化氢的生成

取少量氯化钠放在干燥的支管试管中，加入 1 滴管浓硫酸，塞上胶塞，连通导管，微微加热支管试管，检验其酸性，并用干燥的试管收集氯化氢气体供下面的实验用。

3）碘化氢与氯化氢热稳定性的比较

在盛有氯化氢和碘化氢气体的试管中，分别插入烧热的玻璃棒，观察现象，总结卤化氢热稳定性的变化规律。

4）氯化氢、溴化氢、碘化氢还原性的比较

取三支试管，分别放入米粒大的氯化钠、溴化钠、碘化钠固体，各加入 3 滴浓硫酸，各试管口分别放浸湿的 pH 试纸、碘化钾—淀粉试纸和醋酸铅试纸，微热试管，观察试管中的现象和试纸颜色变化情况。通过实验，比较氯化氢、溴化氢、碘化氢还原性变化规律。

5. Cl^-、Br^-、I^- 离子的鉴定

取三支试管，分别加入 1 滴 0.2 mol/L NaCl、KBr、KI 溶液，各加 2 滴 6 mol/L HNO_3 酸化，然后再各加 1 滴硝酸银溶液，观察沉淀的颜色，解释实验现象。$AgNO_3$ 可作 Cl^-、Br^-、I^- 的区别、鉴定试剂。

6. 卤素含氧酸盐的性质

1）次氯酸盐的氧化性

往第一支试管中加入 4 滴浓盐酸；第二支试管中加 2 滴 0.2 mol/L 硫酸锰溶液；第三支试管加入 2 滴 0.2 mol/L 碘化钾溶液，再加入 3 滴 1 mol/L 硫酸酸化；第四支试管

加入 2 滴品红溶液。再向每支试管中滴加次氯酸钠溶液，解释发生的现象，写出前三个实验反应的反应方程式。

2）氯酸钾的氧化性

取氯酸钾晶体分别进行如下实验。

（1）往盛有米粒大小氯酸钾晶体的试管中，加入 3 滴浓硫酸如果反应不明显可微热。反应方程式为

$$KClO_3 + H_2SO_4 = KHSO_4 + HClO_3$$

$$3HClO_3 = HClO_4 + 2ClO_2 + H_2O$$（ClO_2 在硫酸中为淡黄色）

注意：ClO_2 加热或振荡容易发生爆炸，反应方程式为

$$2ClO_2 = Cl_2 + 2O_2$$

所以在操作时，试剂用量一定要严格。

（2）在试管中取豆粒大小的氯酸钾晶体加少量水溶解配成溶液。取另一支试管加 2 滴 0.2 mol/L 碘化钾溶液，然后加几滴氯酸钾溶液，观察反应现象。再加 2 滴 1 mol/L H_2SO_4 酸化后，观察溶液的颜色变化。继续往该溶液中滴加氯酸钾溶液又有何变化，解释实验现象，并写出有关的反应方程式。

（3）与非金属单质反应（两个实验选作其一）。

①与硫黄的反应：取半勺干燥的硫黄粉和半勺氯酸钾晶体小心混合后用纸包好，拿到室外，用铁锤猛击即发生爆炸反应。

反应方程式为

$$2S + 4KClO_3 = 2K_2O + 2SO_2 + 2Cl_2 + 3O_2$$

②与红磷的反应：取豆粒大小的红磷和氯酸钾，放在点滴板穴孔中加 1 滴水润湿混合。在一粉笔头上挖一小洞，将湿润的混合物填在小洞中，用纸包好，放置。待实验完毕后拿到室外，用力在硬面地上摔（有药的部位着地），会发生摔炮样的爆炸效果（混合两种物质时，很容易爆炸、起火。一方面要注意用量少，另一方面要小心操作）。

反应方程式为

$$16P + 21KCl_3 = 8P_2O_5 + 7Cl_2 + 8O_2 + 7K_2O + 7KCl$$

3）碘酸钾的氧化性

（1）取 3 滴碘酸钾饱和溶液，加 2 滴淀粉和 2 滴 1 mol/L H_2SO_4 溶液，逐滴加入 0.2 mol/L 硫酸氢钠溶液，边加边振荡。观察溶液颜色的变化，并解释实验现象。

（2）取 3 滴碘酸钾饱和溶液，加 2 滴 1 mol/L H_2SO_4、3 滴 0.2 mol/L KI 溶液和 2 滴淀粉溶液。观察溶液颜色的变化，并解释实验现象。

四、思考题

（1）制备氯气时如果没有二氧化锰，可用什么代替？

（2）用碘化钾淀粉试纸检验氯气时，试纸先呈蓝色，当在氯气中放置时间较长时，蓝色褪去。为什么？

（3）如何收集碘化氢气体？收集气体的试管不干燥行不行？

（4）为何不能用氯化钠与浓硫酸反应制取 HCl 同样的方法制取 HBr 和 HI？

（5）用硝酸银鉴定卤素离子时，为何要加入少量稀硝酸？

（6）碘酸钾与溴化钾在酸性介质中能否发生反应？

（7）怎样区别氯酸盐和次氯酸盐。

（8）某溶液中含有 Cl^-、Br^-、I^- 三种离子，怎样分离和检出它们？写出实验步骤、方法和原理。

（9）在碘化氢的生成中，碘和红磷要求放在干燥的试管里，又要加几滴水，二者是否矛盾？

实验二十二　硫

一、实验目的

制备和观察硫的同素异形体。了解硫化氢的性质和硫化物的溶解性。掌握不同氧化态硫的含氧化合物的主要性质。了解硫化氢和二氧化硫的简单制备方法和安全操作。

二、实验用品

仪器：表面皿、烧杯、坩埚、漏斗、坩埚钳、试管、点滴板、石棉网、三脚架、放大镜。

试剂：硫黄粉、硫化亚铁、亚硫酸氢钠、过二硫酸钾；H_2SO_4（1 mol/L，浓）、HNO_3（浓）、HCl(2 mol/L、6 mol/L)、$AgNO_3$（0.1 mol/L）、$KMnO_4$（0.2 mol/L）、KI（0.2 mol/L）、$MnSO_4$（0.002 mol/L、0.2 mol/L）、$CuSO_4$（0.2 mol/L）、$Pb(NO_3)_2$（0.2 mol/L）、H_2S（饱和溶液）、Na_2S(0.1 mol/L）、$Na_2S_2O_3$（0.2 mol/L）、$K_2Cr_2O_7$（0.2 mol/L）、$BaCl_2$（0.2 mol/L）、$Hg(NO_3)_2$（0.2 mol/L）、二硫化碳、碘水、氯水、品红溶液；滤纸、pH 试纸。

三、实验内容

1. 硫的单质(老师可提前做好，让同学们观察晶体的形状)

1）斜方硫的制备

往试管里加黄豆粒大小的硫粉和 1 滴管二硫化碳，振荡试管，使硫溶解（注意，二硫化碳是一种易燃的液体，有毒。操作时应避开火源，在通风橱中操作），将溶液倒在表面皿上蒸发，析出晶体，观察生成晶体的形状（见图 22-1(a)）。

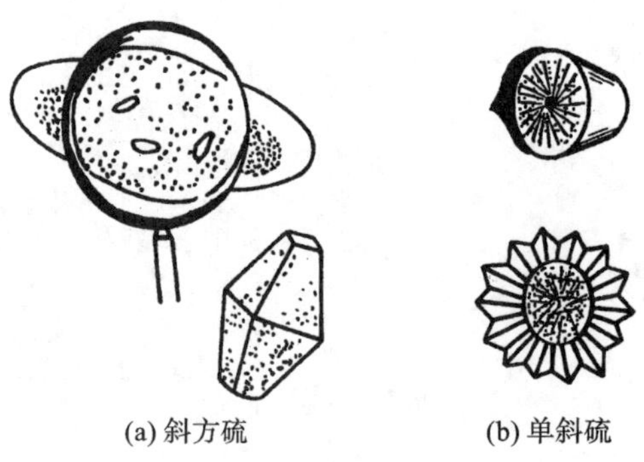

(a) 斜方硫　　(b) 单斜硫

图 22-1　硫的单质

2）单斜硫的制备

往坩埚里加人硫黄粉，达坩埚容量的一半。在石棉网上用微火加热，使其熔化呈琥珀色（杏黄色）。把熔化的硫注入预先折好的滤纸里，数分钟后，当表面开始固化，有针状晶体从滤纸的周围向中心成长时，打开滤纸，可以看到无数针状晶体（见图 22-1(b)）。

3）弹性硫的制备

往大试管里加 3 药勺硫黄粉，在通风橱内用微火加热，并加以振荡。观察硫在熔化过程中的颜色和黏度的变化，最后将液体加热至沸腾，如图 22-2 所示的操作方法将液体环绕漏斗倾入内盛冷水的烧杯里。取出弹性硫，观察它的颜色并实验其弹性。放置一昼夜，用放大镜观察表面晶形的变化。

图 22-2　弹性硫

根据上述实验总结出硫的同素异形体的存在条件。

2. 硫化氢和硫化物

1）硫化氢的制备和性质

(1) 制备取一小块硫化亚铁放入带支管的试管中，连通带尖嘴的导管，加入 1 滴管 6 mol/L 盐酸溶液，盖上橡胶塞，导出硫化氢气体（加入盐酸之前，要做好检测硫化氢性质的准备工作：在一支试管中加 3 滴 0.2 mol/L 高锰酸钾溶液，并用 3 滴 1 mol/L 的硫酸酸化，混合溶液中加入少量蒸馏水；在另一试管中加入 3 mL 蒸馏水备用）。

(2) 性质。

①硫化氢的燃烧。在玻璃导管的尖嘴处点燃硫化氢气体，观察硫化氢气体燃烧的情况，并写出反应方程式。将坩埚或烧杯底部放在尖嘴的上方，观察硫化氢气体的不完全燃烧情况，并写出反应方程式。

②硫化氢的还原性。将燃烧的硫化氢熄灭后通入事先准备好的高锰酸钾溶液中，观察溶液颜色变化和产物的状态，并写出反应方程式（若硫化氢气量不足时，可微热支管试管）。

③硫化氢水溶液的酸碱性。将硫化氢气体通事先准备好的蒸馏水中，制成饱和溶液，用 pH 试纸检测其 pH 值（保留溶液在下面实验中用）。

注意：硫化氢与空气的混合气体具有爆鸣气的性质，应予以注意。硫化氢气有毒，用完后注意吸收尾气及迅速处理掉发生装置中的残留物，以免气体外逸。

2）硫化物的溶解性

取 4 支试管，分别加入 0.2 mol/L 硫酸锰、0.2 mol/L 硝酸铅、0.2 mol/L 硫酸铜、0.2 mol/L 硝酸汞溶液各 1 滴，然后各加 1 滴 0.1 mol/L 硫化钠溶液，观察现象。洗涤沉淀，离心分离，弃去溶液，试验这些沉淀在 2 mol/L 盐酸、6 mol/L 盐酸、浓硝酸、王水（自配，浓硝酸与浓盐酸的体积比为 1∶3）中的溶解情况。

3. 二氧化硫的制备和性质

取 4 支试管，A 管装有 1 mL 饱和硫化氢水溶液，B 管加 5 滴 0.2 mol/L 重铬酸钾和 2 滴 1 mol/L 硫酸溶液，C 管加 3 滴品红溶液后用 5 滴蒸馏水稀释，D 管加 1 mL 蒸馏水。

在支管试管中加入 1 药勺亚硫酸氢钠，连通带尖嘴的导管，往支管试管中加 1 滴管浓硫酸，盖上胶塞导出二氧化硫气体（若气量不足，可微热支管试管）。分别向上述 4 支试管中通入 SO_2 气体，每通一个试管后，支管试管的导管尖嘴要在装有蒸馏水的小烧杯中涮一下。观察实验现象，并写出有关反应方程式。检验 D 管溶液的 pH 值。通过上述实验可说明二氧化硫具有什么性质？

二氧化硫与品红溶液的脱色反应为

$$(H_2N\text{—}C_6H_4)_2C{=}C_6H_4{=}NH_2Cl + 3SO_2 + H_2O \rightleftharpoons (HSO_2\text{—}NH\text{—}C_6H_4)_2C(SO_2OH)\text{—}C_6H_4\text{—}NH_2 + HCl$$

红色　　　　无色

用二氧化硫漂白的品红溶液受热不稳定，加热后品红又显色。

4. 硫代硫酸盐的性质和鉴定

（1）往 3 滴碘水中滴加 0.2 mol/L 硫代硫酸钠溶液，观察碘水褪色，并写出反应方程式。

（2）往 3 滴 0.2 mol/L 硫代硫酸钠溶液中滴加氯水，如有沉淀，继续加氯水，直至沉淀消失。设法证明 SO_4^{2-} 的生成，并写出反应方程式。

（3）往试管中加入 3 滴 0.2 mol/L 硫代硫酸钠溶液，再加入 1～2 滴 6 mol/L 盐酸溶液，观察有何现象并写出反应方程式。

根据上述实验，总结硫代硫酸盐的性质。

（4）$S_2O_3^{2-}$ 的鉴定。

往试管中加入 3 滴 0.2 mol/L 的硫代硫酸钠溶液，再加入 2 滴 0.2 mol/L 硝酸银溶液，观察沉淀颜色的变化（由白色硫代硫酸银→黄色→棕色→黑色硫化银的转变过程）。利用硫代硫酸银分解的颜色变化，以鉴定 $S_2O_3^{2-}$ 的存在。

5. 过二硫酸盐的氧化性

（1）把 5 滴 1 mol/L 硫酸 10 滴蒸馏水和 1 滴 0.002 mol/L 硫酸锰混合均匀后，分成两份，做以下实验。

①在一份中加 1 滴 0.1 mol/L 的硝酸银溶液和豆粒大小固体过二硫酸钾，加热试管观察溶液颜色有何变化，并写出反应方程式。

②在另一份中只加等量的过二硫酸钾固体，加热试管观察溶液颜色变化，与第一份

相比，反应速度有何不同？说明过二硫酸钾的性质和 Ag^{+} 的作用。

(2) 往试管中加 2 滴 0.2 mol/L 碘化钾溶液，加 1 滴 1 mol/L 硫酸酸化，加入米粒大小的过二硫酸钾固体，观察反应产物的颜色和状态。微热，产物有何变化？写出反应方程式。

6. 鉴别实验

现有五种溶液：Na_2S、$NaHSO_3$、Na_2SO_4、$Na_2S_2O_3$、$K_2S_2O_8$。试设法通过实验鉴别。

四、思考题

(1) 硫化氢、硫化钠、二氧化硫水溶液长久放置会有什么变化，如何判断变化情况？

(2) 根据实验比较 $S_2O_8^{2-}$ 与 MnO_4^- 氧化性的强弱。为何过二硫酸钾与硫酸锰反应需在酸性介质中进行？

(3) 为何亚硫酸盐中常含有硫酸盐，而硫酸盐中则很少含有亚硫酸盐？怎样检查亚硫酸盐中的 SO_4^{2-} 离子？

(4) 如何区别下列物质？

①硫酸根离子与亚硫酸根离子；

②亚硫酸根离子与硫代硫酸根离子；

③硫化氢气体与二氧化硫气体；

④二氧化硫气体与三氧化硫气体。

实验二十三　氮

一、实验目的

试验氨、铵盐及羟氨和联氨的主要性质。了解亚硝酸及盐，硝酸及盐的主要性质。掌握铵离子、亚硝酸根离子、硝酸根离子的鉴定方法。

二、实验用品

仪器：圆底烧瓶、试管、酒精灯、研钵、烧杯、表面皿、点滴板、铁架台。

试剂：氯化铵、氢氧化钙、硝酸铵、硫酸铵、碳酸氢铵、盐酸羟氨、硫酸肼、硝酸钾、硝酸铅、硝酸银、硫黄、铜屑、锌粒；H_2SO_4（1 mol/L，浓）、HCl（浓）、HNO_3（2 mol/L，浓）、HAc(6 mol/L)、$NaNO_2$（0.5 mol/L，饱和）、KI（0.2 mol/L）、$KMnO_4$（0.2 mol/L）、NH_4Cl(0.5 mol/L)、$FeSO_4$（0.5 mol/L）、$NaNO_3$（0.5 mol/L）、$BaCl_2$（0.2 mol/L）、NaOH(6 mol/L)、酚酞、溴水、浓氨水、对氨基苯磺酸、a-萘胺、奈氏试剂、淀粉溶液、冰；pH 试纸。

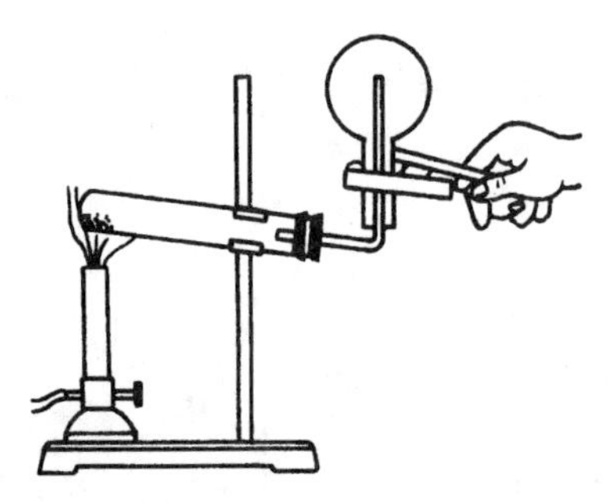

图 23-1　氨的制备

三、实验内容

1. 氨和铵盐

1）氨的制备和性质

将 1 g 氯化铵和 1 g 氢氧化钙在研钵中研细后倒入干燥的大试管中。仪器装置如图 23-1 所示（横放的试管底部为什么要略高于试管口?），盖上带有导管的胶塞，准备干燥的圆底烧瓶收集氨气。加热试管即有氨气产生，待烧瓶中充满氨气后（如何检验?），取下烧瓶（瓶口仍然向下，为什么?），停止加热，盖上胶塞或喷泉实验用的装置塞。如图 23-2 所示进行实验，观察现象并加以解释（如果仪器不方便，教师可做演示实验）。

2）铵盐的性质

(1) 取豆粒大小的下列物质，观察其颜色状态，各加 1 mL 水，试验它们在水中的溶解性并用精密 pH 试纸测定溶液的 pH 值（见表 23-1）。

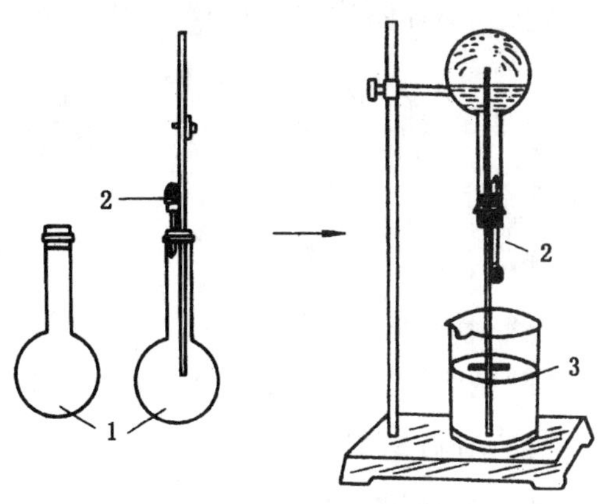

图 23-2　喷泉实验装置

1—充满氨气的烧瓶；2—滴管；3—加有酚酞的水溶液

表 23-1　铵盐性质的比较

项　　目	NH_4Cl	NH_4NO_3	$(NH_4)_2SO_4$	NH_4HCO_3
颜色、状态				
溶解性				
pH 值				

(2) 氯化铵的热分解。

在一支干燥的试管中加小半勺氯化铵，将一条润湿的 pH 试纸推向试管中部，粘在试管壁上。用试管夹夹住试管，预热后垂直加热试管底部。观察试纸颜色变化情况解释原因。设法证明试管壁上的析出物仍然是氯化铵，并写出反应方程式。

(3) 取 3 支小试管依次分别加入豆粒大小硝酸铵、硫酸铵、碳酸氢铵固体然后逐个加热试管，观察各试管内的变化，并用湿润的 pH 试制检验试管口逸出的气体。总结铵盐热分解产物与阴离子的关系。

(4) 溶解热效应。

在试管中加入 1 mL 水，用温度计测其温度，然后加入豆粒大小硝酸铵固体。振荡试管再测温度(或用手心感觉温度的变化)，解释其原因。

2．羟氨和联氨的还原性

往盛有豆粒大小固体盐酸羟氨的试管中滴加溴水，观察实验现象，并写出反应方程式。用硫酸肼代替盐酸羟氨进行上述实验，有什么结果，写出反应方程式。

从实验结果说明氮的氢化物有何共性。

3．亚硝酸和亚硝酸盐

1）亚硝酸的合成和分解

将 1 mL 饱和亚硝酸钠溶液和 1 mL 1 mol/L 硫酸溶液分别在冰水中冷却，然后混合。在冰水中观察溶液的颜色。从冰水中取出试管，在常温下观察亚硝酸的分解，并解释其现象：

$$2HNO_2 \rightleftharpoons H_2O + N_2O_3(蓝色) \rightleftharpoons H_2O + NO\uparrow + NO_2\uparrow$$

2）亚硝酸的氧化性和还原性

在 3 滴 0.5 mol/L 亚硝酸钠溶液中滴入 1 滴 0.2 mol/L 的碘化钾溶液，有无变化？再加入 1 滴 1 mol/L 硫酸溶液，有何现象？反应产物如何检验？写出反应方程式。

在 3 滴 0.5 mol/L 亚硝酸钠溶液中加入 1 滴 0.2 mol/L 高锰酸钾溶液，有无变化？再加入 1 滴 1 mol/L 硫酸溶液，有何现象？写出反应方程式。

通过上述试验，说明亚硝酸具有什么性质？为什么？

4. 硝酸和硝酸盐

1）硝酸的氧化性

（1）浓硝酸与非金属的反应。

往黄豆大小的硫黄粉中入 5 滴浓硝酸，加热观察现象，有何气体产生？冷却后，检验产物中的 SO_4^{2-}，写出反应方程式。

（2）浓硝酸与金属的反应。

往一小片铜屑中加入 5 滴浓硝酸，观察气体和溶液的颜色。

（3）稀硝酸与金属的反应。

①与铜反应。往一小片铜屑中加入 5 滴 2 mol/L 硝酸溶液，微热，与前一结果比较，观察两者有何不同。

②与锌反应。往 1 锌粒中加入 5 滴 2 mol/L 硝酸溶液，放置片刻后，检验有无 NH_4^+ 生成(用气室法或奈氏法)。

写出上述反应的方程式，总结硝酸与金属、非金属反应的规律，并说明原因。

2）硝酸盐的热分解

在三支干燥的试管中，分别加入少量固体硝酸钾、硝酸铅、硝酸银，加热，观察反应情况和产物的颜色，检验气体产物写出有关反应方程式。

总结硝酸盐热分解与阳离子的关系，并对此进行解释。

5. 铵离子、亚硝酸根离子、硝酸根离子的鉴定

1）铵离子的鉴定

（1）气室法：取几滴铵盐溶液置于一表面皿中心，在另一块长面皿中心黏附一条湿润的红色石蕊试纸或 pH 试纸，然后在铵盐溶液中滴加 6 mol/L，氢氧化钠溶液至呈碱性，混匀后，即将粘有试纸的表面皿盖在盛有试液的表面皿上作成“气室”。将此气室放在水浴上微热(或用手心温热)，观察试纸颜色的变化。

(2) 奈氏法：取 1 滴铵盐溶液于点滴板空穴中，滴 2 滴奈氏试剂(碱性四碘合汞酸钾溶液)，即生成红棕色沉淀，证明有 NH_4^+。其反应式为

$$HgI_2 + 2I^- = [HgI_4]^{2-}$$

$$NH_4^+ + 2[HgI_4]^{2-} + 4OH^- = \left[O \begin{matrix} Hg \\ \\ Hg \end{matrix} NH_2 \right] I + 3H_2O + 7I^-$$

2) 亚硝酸根离子的鉴定

取 1 滴 0.5 mol/L 的亚硝酸钠溶液于试管中，加入 9 滴蒸馏水，再加 3 滴 6 mol/L 醋酸酸化。然后加入 3 滴对氨基苯磺酸和 1 滴 α-萘胺，溶液即显红色，反应式如下：

$$H_2N-C_6H_4-SO_3H + C_{10}H_7NH_2 + NO_2^- + H^+ = H_2N-C_{10}H_6-N{=}N-C_6H_4-SO_3H + 2H_2O$$

3) 硝酸根离子的鉴定

在小试管中注入 5 滴 0.5 mol/L 硫酸亚铁和 3 滴 0.5 mol/L 硝酸钠溶液，摇匀，然后斜持试管，沿着管壁慢慢滴入 5 滴浓硫酸，由于浓硫酸的密度较上述液体大，流入试管底部形成两层，这时两层液体界面上有一棕色环。其反应方程式如下：

$$NO_3^- + 3Fe^{2+} + 4H^+ = NO + 3Fe^{3+} + 2H_2O$$

$Fe^{2+} + NO = [Fe(NO)]^{2+}$(棕色，亚硝酰合铁(Ⅱ)离子)

四、思考题

(1) 浓硝酸和稀硝酸与金属、非金属及一些还原化合物反应时，氮的主要还原产物各是什么？

(2) 为什么一般情况下不用硝酸作为酸性反应介质？稀硝酸与金属反应和稀硫酸或稀盐酸与金属反应有何不同？

(3) 今有三瓶未贴标签的溶液，只知道它们是亚硝酸钠、硫代硫酸钠和碘化钾。用什么方法把它们鉴别出来？

附注：

除 N_2O 外，所有氮的氧化物均有毒，尤以 NO_2 为甚，其最高容忍浓度为每升空气中不得超过 0.005 mL。NO_2 中毒尚无特效药治疗，一般是输氧气以助呼吸与血液循环。由于硝酸的分解产物多为氮的氧化物，因此，涉及硝酸的反应均应在通风橱内进行。

实验二十四 磷

一、实验目的

试验磷酸盐的酸碱性和溶解性，比较红磷和白磷的性质，制备偏磷酸和磷酸，掌握磷酸根离子的鉴定方法。

二、实验险用品

仪器：试管、酒精灯、烧杯、蒸发皿、坩埚、坩埚钳、石棉网。

试剂：红磷、白磷、五氯化磷；H_2SO_4（1 mol/L，浓）、HCl（2 mol/L）、HNO_3（2 mol/L，浓）、NaOH（2 mol/L）、HAc（2 mol/L）、氨水（2 mol/L）、$CaCl_2$（0.5 mol/L）、$AgNO_3$（0.1 mol/L）、Na_3PO_4（0.1 mol/L）、Na_2HPO_4（0.1 mol/L）、NaH_2PO_4（0.1 mol/L）、$Na_4P_2O_7$（0.1 mol/L）、$(NH_4)_2MoO_4$（0.1 mol/L）、$CuSO_4$（0.2 mol/L）、蛋白溶液（1%）、二硫化碳；pH 试纸。

三、实验内容

1. 磷的同素异形体及其性质

（1）观察白磷和红磷的颜色，状态及保存情况。

（2）比较白磷和红磷的着火点（两人一组，同时收集五氧化二磷）。

在通风橱中，将少白磷和红磷（绿豆大小）分别放在棉网的边缘和中心（事先每人准备一个大试管）。加热石棉网中心红磷处，观察有何现象发生，并解释。着火时，用大试管罩在火焰上，收集五氧化二磷。放置片刻，观察产物表面有何变化（用洗瓶冲洗大试管，溶液约 10 mL 备用）？

（3）白磷的自燃。

取绿豆大小白磷于蒸发皿中，加入 10 滴二硫化碳液体，用搅棒搅拌使其溶解，将一条滤纸浸入此溶液中，然后用坩埚钳或镊子夹住滤纸，并在空气中不断摇动，观察纸条的自燃情况（燃烧时，要在通风橱中进行。没有烧完的纸边不要乱丢，以免引起火灾）。

总结白磷和红磷的性质，比较二者的不同点。

2. 磷的含氧酸的制备和性质

（1）前面实验中五氧化二磷溶于水得到的是什么溶液？写出反应方程式。

（2）将上述溶液倒出 1 mL 左右（其他留在下面实验用），然后加 5 滴浓硝酸，在水浴上加热(80 ℃左右)15 min,得到磷酸溶液,写出反应方程式。保留溶液供下面实验用。

3．五氯化磷的水解

取绿豆大小的五氯化磷溶于蒸馏水中,观察有何现象？用 pH 试纸检验溶液的酸碱性,并写出反应方程式。设法检验五氯化磷的水解产物。

4．磷酸盐的性质

1）酸碱性

（1）用 pH 试纸分别测定 0.1 mol/L Na_3PO_4、Na_2HPO_4、NaH_2PO_4 溶液的 pH 值。

（2）往三支试管中分别加入 5 滴 0.1 mol/L 的 Na_3PO_4、Na_2HPO_4、NaH_2PO_4 溶液,再各滴入适量的 0.1 mol/L $AgNO_3$ 溶液,观察是否有沉淀产生？试验溶液的酸碱性有无变化,并解释。写出有关的反应方程式。

2）溶解性

分别取 3 滴 0.1 mol/L Na_3PO_4、Na_2HPO_4、NaH_2PO_4 溶液于试管中,各加入等量的 0.5 mol/L $CaCl_2$ 溶液,观察有何现象？用 pH 试纸测定它们的 pH 值。各滴加 2 mol/L 氨水溶液,有何变化？再滴加 2 mol/L 盐酸溶液又有何变化？

比较磷酸钙、磷酸氢钙、磷酸二氢钙的溶解性,说明它们之间相互转化的条件,并写出有关反应的方程式。

3）配位性

在 2 滴 0.2 mol/L $CuSO_4$ 溶液中,逐滴加入 0.1 mol/L 焦磷酸钠溶液,观察沉淀的生成。继续滴加焦磷酸钠溶液,沉淀是否溶解？写出相应的反应方程式。

5．偏磷酸根、磷酸根、焦磷酸根的区别和鉴定

（1）在三支试管中分别加入 3 滴自制的偏磷酸(比较白磷和红磷的着火点中)、0.1 mol/L 磷酸二氢钠、0.1 mol/L 焦磷酸钠溶液,然后各加入 2 滴 0.1 mol/L 的硝酸银溶液,有何现象发生？再往各试管中加入 2 moL/L 的硝酸,沉淀有无变化？写出反应方程式。

（2）在三支试管中各加入 10 滴自制的偏磷酸、0.1 mol/L 磷酸二氢钠、0.1 mol/L 焦磷酸钠溶液,然后各加入 3 滴 2 mol/L 醋酸酸化,再各加入 5 滴蛋白溶液,振荡,观察各试管中的蛋白溶液是否有凝固现象？

将实验结果填入表 24-1 中。

表 24-1　偏磷酸根、磷酸根、焦磷酸根的区别和鉴定

所加试剂	离子试液		
	PO_4^{3-}	$P_2O_7^{4-}$	PO_3^-
加硝酸银溶液			

续表

所加试剂	离子试液		
	PO_4^{3-}	$P_2O_7^{4-}$	PO_3^-
加稀硝酸溶液			
加醋酸和蛋白溶液			

了解各种磷酸根离子的区别，总结各磷酸根离子的鉴定方法。

(3) PO_4^{3-} 离子的鉴定——磷钼酸铵沉淀法。

取 5 滴自制的磷酸溶液于试管中，加入 6 滴 0.1 mol/L 钼酸铵溶液，水浴加热试管即有黄色沉淀产生。反应式如下：

$$PO_4^{3-}+3NH_4^++12MoO_4^{2-}+24H^+ = (NH_4)_3PO_4+12MoO_3\cdot 6H_2O\downarrow+6H_2O$$

四、思考题

(1) 磷酸二氢钠溶液显酸性，那么是否所有的酸式盐溶液都显酸性？为什么？举例说明。

(2) 通过试验说明五氧化二磷有何特性？应如何保存五氧化二磷？

(3) 磷酸二氢钠溶液中加入少量氢氧化钠溶液。然后加入氯化钙溶液有何现象？若用硝酸溶液代替氢氧化钠溶液又有什么现象？为什么？

(4) 固体五氯化磷水解后，溶液中存在氯离子和磷酸根离子，但加入硝酸银溶液时，为什么只有氯化银沉淀析出？在什么条件下可使磷酸银沉淀析出？

(5) 在盐酸、硫酸和硝酸中，选用那一种酸最适宜溶解磷酸银沉淀？为什么？

(6) 用哪几种方法能将无标签的磷酸钠、磷酸氢钠、磷酸二氢钠鉴别出来？

附注：

白磷是一种极毒、易燃的物质(燃点为 313 K)，常保存于水中。切割时应在水而下操作，并用镊子夹住。取出后迅速用滤纸轻轻吸干，切勿摩擦。当不慎引燃时，可用沙子灭火。若皮肤灼伤，可用 10％硝酸银、硫酸铜或高锰酸钾溶液进行清洗。

实验二十五　砷、锑、铋

一、实验目的

通过试验＋Ⅲ氧化态的砷、锑、铋氧化物、氢氧化物的酸碱性以及＋Ⅲ氧化态砷、锑、铋盐的还原性和＋Ⅴ氧化态砷、锑、铋盐的氧化性，总结出它们的变化规律。掌握砷、锑、铋硫化物和硫代酸盐的制备和性质。

二、实验用品

试剂：三氧化二砷、硝酸铋、铋酸钠；HCl(6 mol/L，浓)、HNO_3(2 mol/L，6 mol/L，浓)、NaOH(2 mol/L，6 mol/L)、$SbCl_3$(0.1 mol/L)、$Bi(NO_3)_3$(0.1 mol/L)、Na_3AsO_4(0.1 mol/L)，Na_2S(0.5 mol/L)、$NaHCO_3$(1 mol/L)，$MnSO_4$(0.002 mol/L)、H_2S(饱和)、碘水、氯水、四氯化碳。pH 试纸，碘化钾—淀粉试纸，醋酸铅试纸。

三、实验内容

1. ＋Ⅲ氧化的砷、锑、铋氧化物和氢氧化物的酸碱性

1) 三氧化二砷的性质

取四支干燥的试管，各装入小米粒大小的三氧化二砷固体(俗名砒霜，毒性极大)。

(1) 往第一支试管中加入少量水，微热后用 pH 试纸检验溶液 pH 值。

(2) 往第二支试管中加入几滴 2 mol/L 的氢氧化钠溶液，振荡试管，观察溶解情况，写出反应方程式。保留溶液供下面实验用。

(3) 在余下的两支试管中分别加入几滴 6 mol/L 的盐酸溶液和浓盐酸，微热后观察溶解情况，解释实验现象，并写出反应方程式。保留溶液供下面实验用。

2) 氢氧化锑(＋Ⅲ)的生成和性质

取两支试管各加 2 滴 0.1 mol/L 三氯化锑溶液和 2 滴 2 mol/L 氢氧化钠溶液，观察沉淀的生成和颜色。往一支试管中加几滴 6 mol/L 盐酸溶液，另一支试管中加入几滴 6 mol/L 的氢氧化钠溶液，观察沉淀的溶解情况。解释现象，写出反应方程式。

3) 氢氧化铋的生成和性质

用 $Bi(NO_3)_3$ 溶液代替 $SbCl_3$ 溶液重复上述实验，观察并解释实验现象，写出反应方程式。

总结＋Ⅲ氧化态砷、锑、铋的氧氧化物酸碱性变化规律。

2. 锑(Ⅲ)和铋(Ⅲ)盐的水解作用

(1) 取 2 滴 $SbCl_3$ 溶液，加水稀释，观察有何现象发生？再滴加 6 mol/L 盐酸溶液到沉淀刚好溶解，再稀释又有什么变化？写出反应方程式并加以解释。

(2) 以 $Bi(NO_3)_3$ 溶液代替 $SbCl_3$ 溶液，进行上述试验，观察现象，并写出反应方程式。

3. 砷(Ⅲ)、铋(Ⅲ)的还原性和砷(V)秘(V)的氧化性

(1) 取由三氧化二砷制得的亚砷酸钠溶液 5 滴，滴加 3 滴碘水，观察有何现象发生？然后将溶液用 2 滴浓盐酸酸化，加入几滴四氯化碳，观察现象，写出反应方程式并加以解释。

(2) 在试管中加入 5 滴 $Bi(NO_3)_3$ 溶液、3 滴 6 mol/L 氢氧化钠溶液和几滴氯水，微热并观察棕黄色沉淀产生，倾去溶液，再加浓盐酸于沉淀物中，用浸湿的碘化钾—淀粉试纸检验氯气的生成，写出反应方程式。

(3) 在 1 滴 0.002 mol/L $MnSO_4$ 溶液中，加入 5 滴 6 mol/L 硝酸，然后再加入绿豆大小的固体铋酸钠，微热试管，加少量水稀释，观察溶液颜色的变化，并写出反应方程式。

4. 砷、锑、铋的硫化物和硫代酸盐

1) As_2S_3 和 Na_3AsS_3(硫代亚砷酸钠)的生成和性质

(1) 取 5 滴实验内容 1.17(3)中制得的三氯化砷溶液，加入数滴饱和硫化氢水溶液，观察沉淀的颜色和状态。

(2) 弃去溶液，洗涤沉淀，将沉淀物分成三份，分别加入几滴浓盐酸、2 mol/L 氢氧化钠和 0.5 mol/L 硫化钠溶液，观察沉淀各自的溶解状况，并写出反应方程式。

2) Sb_2S_3 和 Na_3SbS_3 的生成和性质

以 $SbCl_5$ 溶液代替 $AsCl_3$(三氯化砷)溶液，按上述试验步骤进行类似实验。观察实验现象，并写出反应方程式。

3) Bi_2S_3 的生成和性质

以硝酸铋溶液代替三氯化锑溶液按上述步骤进行类似实验，观察实验现象，并写出反应方程式。

4) As_2S_5 和 Na_3AsS_4(硫代砷酸钠)的生成和性质

(1) 往 5 滴 Na_3AsO_4 溶液和 5 滴浓盐酸的混合溶液中滴加饱和硫化氢水溶液，观察沉淀的颜色和状态。

(2) 弃去溶液洗涤沉淀，将沉淀物分成三份分别加入几滴浓盐酸、2 mol/L 氢氧化钠和 0.5 mol/L 硫化钠溶液，观察沉淀各自的溶解状况，并写出反应方程式。

将以上实验结果归纳在下面的表格(见表25-1)中,并比较砷、锑、铋硫化物的性质。

表25-1　实验数据1

颜色和试剂	硫化物			
	As_2S_3	Sb_2S_3	Bi_2S_3	As_2S_5
颜色				
浓盐酸				
2 mol/L NaOH				
0.5 mol/L Na_2S				

5. Sb^{3+}、Bi^{3+}离子的分离和鉴定

取三氯化锑和硝酸铋溶液各3滴,混合后设法加以分离和鉴定。

四、思考题

(1) 请找出在本实验中,溶液的酸碱性影响氧化还原反应方向的实例,并加以分析。

(2) 回答下列问题:

①实验室中如何配制三氯化锑和硝酸铋溶液?

②由亚砷酸盐制三硫化二砷时,为什么要酸化?

附注:

砷、锑、铋及其化合物都是有毒物质。特别是三氧化二砷(俗称砒霜)是剧毒物质,要在教师指导下使用。切勿进入口内或与伤口接触。用完后要洗手,废液要妥善处理。通用的解毒剂是服用新配制的氧化镁与硫酸铁溶液强烈摇动而成的氢氧化铁悬浮液,也可用乙二硫醇($HS—CH_2—CH_2—SH$)解毒。

实验二十六　碳、硅、硼

一、实验目的

试验活性炭的吸附作用。掌握一氧化碳的制备和性质。试验并了解碳酸盐、硅酸盐、硼酸和硼砂的主要性质，熟悉硼砂珠的操作及某些化合物的特征颜色。

二、实验用品

试剂：活性炭、硼酸、硼砂（固体）、氟化钙、硝酸钴、三氧化二铬、氯化钙、硫酸铜、三氯化铁、硫酸锰、硫酸镍、pH试纸、玻璃片、滤纸、铂丝（或铬丝）；HCl（2 mol/L、6 mol/L）、H_2SO_4（浓）、甲酸、NaOH（2 mol/L、6 mol/L）、$BaCl_2$（0.2 mol/L）、$AgNO_3$（0.1 mol/L）、Na_2SiO_3（20%）、NH_4Cl（饱和）、硼砂（饱和，液体）、Na_2CO_3（0.5 mol/L）、$CuSO_2$（0.2 mol/L）、$Pb(NO_3)_2$（0.001 mol/L）、K_2CrO_4（0.1 mol/L）、$FeCl_3$（0.2 mol/L），氨水（1 mol/L）、靛蓝、甘油、酚致、甲基橙。

三、实验内容

1. 活性炭的吸附作用

1）对靛蓝的吸附

往10滴靛蓝溶液中加入黄豆大小活性炭，振荡试管，然后滤去活性炭。观察溶液的颜色变化。并加以解释。

2）对铅盐的吸附

往5滴0.001 mol/L硝酸铅溶液中加2滴0.1 mol/L铬酸钾溶液，观察黄色铬酸铅沉淀生成。

往10滴0.001 mol/L硝酸铅溶液的试管中加入黄豆大小的活性炭。振荡试管，滤去活性炭。往清液中加入4滴0.1 mol/L铬酸钾溶液，观察有何变化。与未加活性炭的实验相比，有何不同？并加以解释。

2. 一氧化碳的制备和性质

1）一氧化碳的制备

往带尖嘴导管的支管试管中加入1滴管浓甲酸，再加入1滴管浓硫酸，盖上胶皮塞，加热支管试管即有一氧化碳气体产生，并写出反应方程式（气体产生之前，首先做好一氧化碳性质检测的准备工作）。

2）一氧化碳的主要化学性质

（1）还原性：往试管中加入 6 滴 0.1 mol/L 硝酸银溶液，再加入 2 mol/L 氨水至生成的沉淀溶解为止。将一氧化碳气体通入所得的银氨溶液中，观察反应产物的颜色和状态：

$$Ag^{+}+2NH_3 = [Ag(NH_3)_2]^{+}$$

$$2[Ag(NH_3)_2]^{+}+CO+2OH^{-} = 2Ag\downarrow+2NH_4^{+}+CO_3^{2-}+2NH_3$$

（2）可燃性：将纯一氧化碳气点燃，观察火焰的颜色，并写出反应方程式。

3．一些金属离子与碳酸钠的作用

（1）往 2 滴三氯化铁溶液中加入 2 滴碳酸钠溶液，观察沉淀的颜色和状态，并写出反应方程式。

（2）往 2 滴氯化钡溶液中加入 2 滴碳酸钠溶液，观察沉淀的颜色和状态，并写出反应方程式。

（3）往 2 滴硫酸铜溶液中加入 2 滴碳酸钠溶液，观察沉淀的颜色和状态，并写出反应方程式。通过实验总结碳酸钠作沉淀剂时会产生哪三种沉淀，为什么？

4．氢氟酸对玻璃的腐蚀作用

在一块涂有石蜡的玻璃片上，用小刀刻下字迹。字迹必须穿过石蜡层，让玻璃暴露出来。用少量氟化钙加水调成糊状，涂在字迹上，再滴几滴浓硫酸。放置 1 h 左右用水冲净表面，刮去石蜡，观察字迹，解释并写出反应方程式（因为反应时间较长，可先做这个实验，待最后再观察结果）。

5．硅酸水凝胶的生成

先往 1 mL 20％硅酸钠溶液中加入 1 滴酚酞溶液（为了控制凝胶生成的 pH 值）。然后，逐滴加入 6 mol/L 盐酸溶液，边加边振荡试管，当溶液的颜色刚要褪去时，观察凝胶的生成。如果盐酸过量，溶液完全褪色时凝胶不能生成，可用硅酸钠溶液反调 pH 值，直到溶液刚出现粉红色为止。

6．硅酸盐的水解和微溶性硅酸盐的生成

1）硅酸盐的水解

取 5 滴 20％硅酸钠溶液于试管中，先用石蕊试纸检验其酸碱性。然后往该溶液中加入 5 滴饱和的氯化铵溶液，微热。用红色石蕊试纸或 pH 试纸检验气体产物。解释现象，并写出反应方程式。

2）微溶性硅酸盐的生成——“水中花园”

在 100 mL 小烧杯中加入 2/3 体积的 20％硅酸钠溶液，然后把氯化钙、硫酸铜、硝酸钴、硫酸镍、硫酸锰、三氯化铁晶体各取一小粒投入杯内（注意：晶体要分开放；在景观生成过程中，不要挪动烧杯，以免破坏景观)，半小时后，观察现象(实验完毕，立即洗净烧杯，以免溶液腐蚀烧杯)。

原理：金属的硅酸盐多数难溶或微溶。当一些金属盐晶体投入到硅酸钠溶液中时，立即在晶体表面形成一层难溶硅酸盐膜，此膜有半透膜性质。当水渗入膜内，使金属盐溶解就会撑破硅酸盐膜，当盐溶液一遇硅酸钠又立即生成一层难溶膜。如此往复进行，就形成了漂亮的水中景观。

7. 硼酸的制备、性质和鉴定

(1) 往盛有 10 滴饱和硼砂溶液的试管中加入 5 滴浓硫酸，放在冰水中冷却，若无沉淀，则可用玻璃棒摩擦试管壁。观察产物的颜色和状态，并写出反应方程式。

(2) 取豆粒大小硼酸固体加 1 mL 蒸馏水溶解，测其 pH 值。在溶液中加 1 滴甲基橙，观察溶液的颜色，并写出硼酸在水中显酸性的方程式。将溶液分成两份，一份留作比较，在另一份中加入 2 滴甘油，振荡试管，观察溶液颜色的变化。

硼酸是一元弱酸(为什么?)，它的酸性因加入甘油而增强。

(3) 在蒸发皿中放入少量硼酸晶体 1 mL 酒精和 3 滴浓硫酸，混合后点燃(蒸发皿下要放一块石棉网，以免烫坏桌子)，观察火焰的颜色有何特征?

硼酸和乙醇形成硼酸三乙酯的反应式为

$$3C_2H_5OH + H_3BO_3 \longrightarrow B(OC_2H_5)_3 + 3H_2O$$

它燃烧时产生绿色火焰，可用来鉴定硼的化合物。

8. 硼砂珠试验(用铂丝或镍铬丝)

铂丝的代用品镍铬丝的处理方法：取一小段电炉丝，中间拉直，两端各留一小圈。在使用过程中的清洁方法是，点滴板上加几滴 6 mol/L 的盐酸溶液，镍铬丝一端在氧化焰上灼烧片刻后浸入酸中，取出再灼烧，如此重复数次即可。

(1) 硼砂珠制备：用上述方法处理过的铂丝或镍铬丝，一端取一些硼砂固体，在氧化焰上灼烧并熔融成圆珠(若一次不成珠可多取些硼砂再烧)。观察硼砂珠的颜色和状态。

(2) 用硼砂珠鉴定钴和铬盐：用烧热的硼砂珠分别沾上少量硝酸钴和三氧化二铬固体，烧融后观察它们在热和冷时的颜色。其反应方程式如下：

$$Na_2B_4O_7 + Co(NO_3)_2 + H_2O \longrightarrow Co(BO_2)_2 \cdot 2NaBO_2\text{(蓝宝石色)} + 2HNO_3$$

$$2Na_2B_4O_7 + Cr_2O_3 + H_2O \longrightarrow 2Cr(BO_2)_3 \cdot 2NaBO_2\text{(草绿色)} + 2NaOH$$

实验完毕后，把硼砂珠处理掉，镍铬丝处理干净以便再用。

四、思考题

(1) 试用最简单的方法鉴别下列气体：

①氢气、一氧化碳、二氧化碳；

②二氧化碳、二氧化硫、氮气。

（2）比较碳酸和硅酸的性质有何异同？下列两个反应有无矛盾？为什么？

$$CO_2 + Na_2SiO_3 + H_2O \longrightarrow H_2SiO_3 + Na_2CO_3$$

$$Na_2CO_3 + SiO_2 \longrightarrow Na_2SiO_3 + CO_2 \uparrow$$

（3）如何区别碳酸钠、硅酸钠和硼砂？

附注：

几种金属的硼砂珠颜色如表 26-1 所示。

表 26-1 几种金属的硼砂珠颜色

样品元素	氧化焰		还原焰	
	热时	冷时	热时	冷时
铬	黄色	黄绿色	绿色	绿色
钼	淡黄色	无色～白色	褐色	褐色
锰	紫色	紫红色	无色～灰色	无色～灰色
铁	黄色～淡褐色	黄色～褐色	绿色	淡绿色
钴	蓝色	蓝色	蓝色	蓝色
镍	紫色	黄褐色	无色～灰色	无色～灰色
铜	绿色	黄绿色～淡蓝色	灰色～绿色	红色

实验二十七　碱金属和碱土金属

一、实验目的

通过钾、钠、钙、镁等单质与水的反应，认识它们的金属活泼性。掌握钠与氧反应的特点，了解过氧化钠的性质。试验钠、钾微溶盐，碱土金属难溶盐及碱土金属氢氧化物的溶解情况。学会利用焰色反应鉴定碱金属、碱土金属离子。

二、实验用品

仪器：烧杯(50 mL)、试管、小刀、镊子、坩埚、坩埚钳、研钵、漏斗。

试剂：金属钠、钾、钙、镁条；NaCl(0.5 mol/L)、KCl(0.5 mol/L)、$MgCl_2$(0.5 mol/L)、$CaCl_2$(0.5 mol/L)、$BaCl_2$(0.2 mol/L)、新配制的 NaOH(2 mol/L)、氨水(6 mol/L)、NH_4Cl(饱和)、H_2SO_4(1 mol/L)、HCl(2 mol/L、6 mol/L)、HAc(2 mol/L)、Na_2SO_4(0.5 mol/L)、$CaSO_4$(饱和)、K_2GrO_4(0.5 mol/L)、$KSb(OH)_6$(饱和)、$(NH_4)C_2O_4$(饱和)、$NaHC_4H_4O_6$(饱和)、$KMnO_4$(0.01 mol/L)、LiCl(0.5 mol/L)、$SrCl_2$(0.5 mol/L)、酚酞、乙醇、铂丝(或镍铬丝)；pH 试纸、钴玻璃、滤纸。

三、实验内容

1. 钠、钾与水的反应

用镊子取一粒绿豆大小金属钠(切勿与皮肤接触)，用滤纸吸干其表面的煤油，切去表面的氧化膜，立即将它们分别放入盛水的烧杯中。可将事先准备好的合适漏斗倒扣在烧杯上，以确保安全。观察两者与水反应的情况，并进行比较。反应终止后，滴入1～2 滴酚酞试剂，检验溶液的酸碱性。根据反应进行的剧烈程度，说明钠、钾的金属活泼性。

2. 钠与空气中氧的反应和过氧化钠的性质

1）钠与氧反应

用镊子取一黄豆大小金属钠，用滤纸吸干其表面的煤油，切去表面的氧化膜，立即置于坩埚内加热。当钠刚开始燃烧时停止加热。观察反应情况和产物的颜色、状态。

2）过氧化钠的性质

(1) 过氧化钠的碱性。

将上面钠与空气中氧反应的产物冷却后、往坩埚中加入 1 mL 蒸馏水，使产物溶解，然后把溶液转移到一支试管中，用 pH 试纸检验溶液的酸碱性。溶液分成两份。

（2）过氧化钠的分解。

将一份溶液微热，观察是否有气体放出，并检验气体是否是氧气，写出反应方程式。

（3）溶液的性质。

将另一份溶液用 1 mol/L H_2SO_4 酸化，滴加 1～2 滴 0.01 mol/L 的 $KMnO_4$ 溶液，观察紫色是否褪去。由此说明水溶液是否有 H_2O_2，从而推知钠在空气中燃烧是否有 Na_2O_2 生成。

3. 钠、钾微溶盐的生成

1）微溶性钠盐

往 5 滴 0.5 mol/L 氯化钠溶液中，注入 5 滴饱和六羟基锑(V)酸钾（$K[Sb(OH)_6]$）溶液。如果无晶体析出，可用玻璃棒摩擦试管壁，然后放置一段时间。观察产物的颜色和状态，并写出反应方程式。

2）微溶性钾盐

往 5 滴 0.5 mol/L 的氯化钾溶液中，注入五滴饱和的酒石酸氢钠（$NaHC_4H_4O_6$）溶液，如果无晶体析出，可用玻璃棒摩擦试管壁。观察反应产物的颜色和状态，并写出反应方程式。

4. 镁、钙与水的反应

（1）取一小段镁条，用砂纸擦去表面的氧化物，放入一支试管中，加入少量水观察有无反应发生。然后将试管加热，观察反应情况。加入一滴酚酞检验水溶液的碱性，并写出反应方程式。

（2）将一小块钙放入盛有少量水的试管中，观察反应情况，并检验溶液的 pH 值。

比较镁、钙与水反应的情况，说明他们的金属活泼性顺序。

5. 碱土金属氢氧化物的溶解性

1）氢氧化镁的生成和性质

在三支试管中，各加入 3 滴 0.5 mol/L 的氯化镁溶液和 2 滴 6 mol/L 的氨水，观察氢氧化镁沉淀的生成，然后分别检验他们与饱和氯化铵溶液，两摩尔每升盐酸溶液和两摩尔每升氢氧化钠溶液的反应情况，写出各反应的方程式。

2）镁、钙、钡氢氧化物的溶解性

在三支试管中，分别加入 2 滴 0.5 mol/L 的氯化锰、氯化钙、氯化钡溶液，再各加入 5 滴新配置的 2 mol/L 氢氧化钠溶液，观察是否有沉淀生成。

6. 碱土金属的难溶盐

1）镁钙钡硫酸盐溶解性的比较

在三支试管中，分别加入 5 滴 0.5 mol/L 氯化镁、氯化钙、氯化钡溶液，然后再分别滴加 5 滴 0.5 mol/L 硫酸钠溶液，观察现象。若氯化镁、氯化钙溶液中加入硫酸钠溶液后无沉淀生成，可用玻璃棒摩擦试管壁，再观察有无沉淀生成。说明生成沉淀情况。分别检验沉淀与浓硫酸的作用，并写出反应方程式。

另外在两只分别盛有 5 滴 0.5 mol/L 的氯化钠和 0.2 mol/L 的氯化钡溶液的试管中，各滴入几滴饱和硫酸钙溶液，观察沉淀生成的情况。

比较硫酸镁、硫酸钙、硫酸钡溶解度的大小。

2）钙、钡铬酸盐生成和性质

在两支试管中，分别加入两滴 0.5 mol/L 的氯化钙和 0.2 mol/L 的氯化钡溶液，再各滴入 0.5 mol/L 的铬酸钾溶液，观察现象，若无沉淀生成，可加入几滴乙醇。分别试验沉淀与 2 mol/L 醋酸和 2 mol/L 盐酸溶液的反应，并写出反应方程式。

7. 碱金属、碱土金属盐的焰色反应

取一只镶有铂丝的玻璃棒，蘸以 6 mol/L 盐酸溶液在氧化焰中灼烧，重复二至三次至火焰无色。在蘸上氯化锂溶液在氧化焰中灼烧，观察火焰颜色，依照此法，分别进行氯化钠、氯化钾、氯化钙、氯化锶、氯化钡溶液的焰色反应实验，每进行完一种溶液的焰色反应后，均需蘸浓盐酸溶液灼烧铂丝，烧至无色后，再进行新的溶液的颜色反应，观察钾盐颜色时，为消除钠对钾焰色的干扰，一般需要有蓝色钴玻璃片滤光。

四、思考题

（1）如何利用化学方法证明钠在空气中燃烧的产物为过氧化钠？

（2）为什么氯化镁溶液中加入氨水时能生成氢氧化镁沉淀和氯化铵，而氢氧化镁沉淀又能溶于饱和氯化铵溶液？两者是否矛盾？试通过化学平衡移动的原理说明。

（3）试设计一个分离 K^{+}、Mg^{2+}、Ba^{2+} 离子的试验方案。

实验二十八　铝、锡、铅

一、实验目的

试验金属铝与非金属氧、硫、碘的反应。了解铝盐的水解性。试验并掌握锡(Ⅰ)、铅(Ⅰ)氢氧化物的酸碱性、锡(Ⅱ)的强还原性和铅(Ⅳ)的强氧化性。了解锡、铅难溶盐的生成条件和性质。

二、实验用品

仪器:试管、烧杯(50 mL)、蒸发皿、离心机、石棉网。

试剂:铝片、铝粉、碘、锡粒、醋酸钠、二氧化铅;$AlCl_3$(0.5 mol/L)、$SnCl_2$(0.2 mol/L)、HNO_3(2 mol/L、6 mol/L,浓)、$Pb(NO_3)_2$(0.5 mol/L)、$Bi(NO_3)_2$(0.5 mol/L)、$SnCl_4$(0.2 mol/L)、KI(0.2 mol/L)、NaOH(2 mol/L、6 mol/L,40%)K_2CrO_4(0.5 mol/L) HCI(2 mol/L、6 mol/L,浓)、H_2SO_4(1 mol/L)、$MnSO_4$(0.002 mol/L)、Na_2SO_4(0.1 mol/L)、$HgCl_2$(0.5 mol/L)、氨水(2 mol/L、6 mol/L)、$Al_2(SO_4)_3$(1 mol/L)、$(NH_4)_2SO_4$(饱和)。

三、实验内容

1. 铝的性质

1) 金属铝在空气中氧化以及与水的反应

取 1 cm^2 铝片,用砂纸擦净。在清洁的表面上滴 2 滴氯化汞溶液。当此溶液覆盖下的金属表面呈灰色时,用棉花或软纸将液体擦去,并继续将湿润处擦干;然后将此金属放置在空气中,观察铝片表面有大量蓬松的氧化铝析出后,将铝片置入盛水的试管中,观察氢气的放出。如果气体的产生过于缓慢时,可以将此试管微热。有关反应式如下:

$$2Al + 3Hg^{2+} \!=\!=\!= 2Al^{3++} 3Hg\downarrow \text{(Al-Hg 齐)}$$

$$4Al(Hg) + 3O_2 + 2xH_2O \!=\!=\!= 2Al_2O_3 \cdot xH_2O\text{(白毛)} + (Hg)$$

$$2Al(Hg) + 6H_2O \!=\!=\!= 2Al(OH)_3\downarrow + 3H_2 + (Hg)$$

2) 铝与碘在水存在下的反应

将铝粉和研细的碘各小半勺,放在石棉网中心,混合均匀后堆成一小堆,加 2 滴水,仔细观察实验现象并加以解释(因为反应过程放热会使大量碘升华,所以要在通风橱中进行)。

2. 氢氧化铝的性质

把 1.1)中混浊溶液分成三份，分别将它们与 2 mol/L 的氢氧化钠、盐酸和氨水溶液作用，观察现象，并写出反应方程式。

3. 铝铵矾的生成

取 5 滴 1 mol/L 的硫酸铝溶液加入 5 滴饱和硫酸铵溶液，用玻璃棒搅拌，观察生成的细小的$(NH_4)_2SO_4 \cdot Al_2(SO_4)_3 \cdot 24H_2O$晶体。

4. 锡(Ⅱ)、铅(Ⅱ)氢氧化物的酸碱性

1) 氢氧化锡(Ⅱ)的生成和酸碱性

往两支试管中各加入 3 滴 0.2 mol/L 二氯化锡溶液和 2 滴 2 mol/L 氢氧化钠溶液，即得白色的氢氧化锡(Ⅱ)沉淀。分别试验其对稀碱(溶于碱溶液留在下面实验用)和稀盐酸溶液的反应，并写出反应方程式。

2) 氢氧化铅(Ⅱ)的生成和酸碱性

按以上方法用 0.5 mol/L 硝酸铅溶液与稀碱溶液反应制备氢氧化铅(Ⅱ)，试验氢氧化铅(Ⅱ)对稀酸(什么酸适宜?)和稀碱的作用，并写出反应方程式。

根据实验结果，对氢氧化锡(Ⅱ)和氢氧化铅(Ⅱ)的酸碱性进行总结。

3) α-锡酸的生成和性质

取 10 滴 0.2 mol/L 四氯化锡溶液与 6 mol/L 氨水反应，即得 α-锡酸。离心分离，弃去清液，试验 α-锡酸与稀酸和稀碱的反应。

4) β-锡酸的生成和性质

取一粒金属锡放入试管中，注入 10 滴浓硝酸，观察现象，并写出反应方程式。试验沉淀物同 6 mol/L 氢氧化钠、40%氢氧化钠以及 6 mol/L 盐酸溶液反应。

根据实验结果，比较 α-锡酸和 β-锡酸的化学活性。

5. 锡(Ⅱ)的还原性和铅(Ⅳ)的氧化性

1) 亚锡酸钠的还原性

在 4.1)中试验自制的亚锡酸钠溶液中加几滴 0.5 mol/L $Bi(NO_3)_3$ 溶液，观察金属铋黑色沉淀的生成。反应方程式如下：

$$3Sn(OH)_3^- + 2Bi^{3+} + 9OH^- = 3Sn(OH)_6^{2-} + 2Bi\downarrow$$

这一反应可用于鉴定 Sn^{2+} 和 Bi 离子。

2) 铅(Ⅳ)的氧化性

取米粒大小二氧化铅(如果没有二氧化铅固体，可取少量四氧化三铅固体，加几滴浓硝酸反应得到)，加入 10 滴 1 mol/L 硫酸及 1 滴 0.002 mol/L 的硫酸锰溶液，微热。观察实验现象，并写出反应方程式。

6. 铅的难溶盐

1）氯化铅

在 0.5 mol/L 蒸馏水中滴入 2 滴 0.5 mol/L 硝酸铅溶液，再滴入 2 滴 2 mol/L 的盐酸，即有白色沉淀生成。将所得白色沉淀连同溶液一起加热，沉淀是否溶解？再把溶液冷却，又有什么变化？根据实验现象说明氯化铅的溶解度与温度的关系。

2）碘化铅

取 1 滴 0.5 mol/L 硝酸铅溶液用水稀释至 1 mol/L 后，加 2 滴 0.2 mol/L 碘化钾溶液，即生成橙黄色碘化铅沉淀，试验它在热水和冷水中的溶解情况。

3）铬酸铅

取 1 滴 0.5 mol/L 硝酸铅溶液，滴加 1 滴 0.5 mol/L 铬酸钾溶液，观察铬酸铅沉淀的生成和沉淀的颜色。试验它在 6 mol/L 硝酸和 6 mol/L 氢氧化钠溶液中的溶解情况，并写出反应方程式。

4）硫酸铅

在 1 mol/L 蒸馏水中滴入 1 滴 0.5 mol/L 硝酸铅溶液，再滴入几滴 0.1 mol/L 硫酸钠溶液。即得白色硫酸铅沉淀。加入少许固体醋酸钠，微热，并不断搅拌，沉淀是否溶解？解释现象，并写出反应方程式。

通过查阅有关手册，总结铅的难溶盐的颜色和溶解度情况。

四、思考题

（1）碘化铝的生成自由能为－304 kJ/mol。在没有水存在时，这个反应实际上是不可能发生的。试解释水的作用是什么？

（2）实验室中如何配制氯化亚锡溶液？

（3）今有未贴标签无色透明的二氯化锡，四氯化锡溶液各一瓶，设法鉴别。

实验二十九　铜、银

一、实验目的

了解铜、银的氧化物、氢氧化物的酸碱性。掌握铜(Ⅰ)、铜(Ⅱ)重要化合物的性质和相互转化条件。了解铜、银离子的鉴定方法。

二、实验用品

仪器：试管、烧杯(50 mL)、量筒(10 mL)、酒精灯、离心机。

试剂：铜屑(或铜粉)；NaOH(2 mol/L、6 mol/L)、氨水(2 mol/L、6 mol/L，浓)、H_2SO_4(1 mol/L)、HNO_3(2 mol/L)、HCl(2 mol/L，浓)、HAc(6 mol/L)、$CuSO_4$(0.2 mol/L)、$CuCl_2$(0.5 mol/L)、$AgNO_3$(0.1 mol/L)、KI(0.2 mol/L)、$Na_2S_2O_3$(0.2 mol/L)、$K_4[Fe(CN)_6]$(0.1 mol/L)、葡萄糖落液(10%)。

三、实验内容

1. 铜的化合物

1) 氢氧化铜和氧化铜的生成和性质

在三支试管中各加入 2 滴 0.2 mo/L 硫酸铜溶液和 2 滴 2 mol/L 氢氧化钠溶液，观察生成氢氧化铜的颜色和状态。其中一份加入 1 mol/L 硫酸溶液，第二份加入过量的 2 mol/L 氢氧化钠溶液，第三份加热到固体变黑后再加入 2 mol/L 盐酸浴液。观察有何现象发生，写出以上各反应的化学反应方程式。

2) 氧化亚铜的生成和性质

取 3 滴 0.2 mol/L 硫酸铜溶液于离心试管中，注入过量的 6 mol/L 氢氧化钠溶液，使起初生成的沉淀全部溶解，得到裴林试剂。再往此澄清的溶液中加入几滴 10% 葡萄糖溶液，混匀后微热观察有何现象？写出有关反应方程式。

将沉淀离心分离并且用蒸馏水洗涤，取少量沉淀加几滴 1 mol/L 硫酸加热，注意沉淀的变化。解释实验现象。另取少量沉淀加入几滴浓氨水，振摇后观察清液的颜色，静置后颜色有何变化？解释有关实验现象。

3) 氯化亚铜的生成和性质

取 5 mL 0.5 mol/L 氯化铜溶液，加 2 mL(估计量)浓盐酸和一小块铜屑，加热沸腾直到溶液绿色完全消失变成深棕色为止。取出几滴，注入 5 mL 蒸馏水中，如有白色沉淀产生，则迅速把全部溶液倒入 200 mL 蒸馏水中，观察沉淀的生成。等大部分沉淀析出后，静置，倾出上层清液，并用 20 mL 蒸馏水洗涤沉淀至无蓝色为止（或取 2 mL 0.2 mol/L $CuCl_2$ 溶液，加 0.5 mL 盐酸和半勺铜粉，振荡试管到无色）。

取出少许沉淀，分成两份。一份与浓氨水反应，另一份与浓盐酸反应，观察沉淀是否溶解？写出有关反应方程式。

4）碘化亚铜的生成

取 5 滴 0.2 mol/L 的硫酸铜溶液于试管中，边滴加 0.2 mol/L 的碘化钾溶液边振荡试管，观察有何变化？再滴入少量 0.2 mol/L 硫代硫酸钠溶液，以除去反应中生成的碘（加入硫代硫酸钠不能过量，否则就会使碘化亚铜溶解，为什么？）。观察碘化亚铜的颜色和状态，并写出反应方程式。

5）Cu^{2+} 离子的鉴定

在试管中滴入 1～2 滴 0.2 mol/L 硫酸铜溶液，再滴入 2～3 滴 6 mol/L 醋酸酸化，再加 5 滴 0.1 mol/L 六氰合铁（Ⅱ）酸钾溶液，即生成红棕色六氰合铁（Ⅱ）酸铜沉淀。在沉淀中注入 6 mol/L 氨水，沉淀溶解生成蓝色溶液，表示有铜离子存在（三价铁离子能和六氰合铁（Ⅱ）离子反应生成蓝色沉淀，是 Cu^{2+} 鉴定时的主要干扰，因此常需要预先除去铁离子）。写出反应方程式。

2. 银的化合物

1）氧化银的生成和性质

取 5 滴 0.1 mol/L 硝酸银溶液，慢慢滴入新配制的 2 mol/L 氢氧化钠溶液，振荡，观察氧化银（为什么不是氢氧化银？）的颜色和状态。离心分离，弃去溶液，用蒸馏水洗涤沉淀。将沉淀分为两份，分别与 2 mol/L 硝酸溶液和 2 mol/L 氨水溶液反应，观察现象，并写出反应方程式。

2）银镜反应

取一洁净的试管，注入 5 滴 0.1 moL/L 硝酸银溶液，滴入 2 mol/L 氨水溶液至起初生成的沉淀刚好溶解为止，再多滴两滴。然后加入 5 滴 10% 葡萄糖溶液，摇匀后放在 80～90 ℃热水中静置。观察试管内壁上有何变化（在试管内壁生成的银可用 6 mol/L 硝酸溶解后回收）？写出反应方程式。

3）Ag^+ 离子的鉴定

取 2 滴 0.1 mol/L $AgNO_3$ 溶液于试管中，加 2 滴 2 mol/L 盐酸溶液，产生白色沉淀。在沉淀中加入 6 mol/L 氨水至沉淀完全溶解。此溶液再用 6 mol/L HNO_3 溶液酸化，又生成白色沉淀，表示有 Ag 存在。

四、思考题

(1) 什么是裴林试剂,什么是裴林反应？它在医疗上有什么用途？

(2) 土红色的氧化亚铜溶于氨水得到什么配合物？为什么它很快变成深蓝色呢？

(3) 铜离子鉴定反应相当灵敏,当有铁离子存在时会不会干扰鉴定？若有干扰是什么原因？应如何处理？

(4) 选用什么试剂来溶解下列沉淀：氢氧化铜、硫化铜、溴化银、碘化银。

实验三十　锌、镉、汞

一、实验目的

掌握锌、镉、汞氢氧化物和氧化物的酸碱性以及它们硫化物的溶解性。了解锌、镉、汞的配合能力。熟悉 Hg_2^{2+} 离子和 Hg^{2+} 离子的转化反应。学习 Zn^{2+}、Cd^{2+}、Hg^{2+} 和 Hg_2^{2+} 离子的鉴定方法。

二、实验用品

仪器：试管、烧杯（50 mL）、离心试管、离心机。

试剂：HCl（2 mol/L，浓）、H_2SO_4（1 mol/L）、HNO_3（2 mol/L，浓）、NaOH（2 mol/L、6 mol/L，40%）、氨水（2 mol/L，浓）、$CuSO_4$（0.2 mol/L）、$ZnSO_4$（0.2 mol/L）、$CdSO_4$（0.2 mol/L）、$Hg(NO_3)_2$（0.2 mol/L）、$SnCl_2$（0.2 mol/L）、Na_2S（1 mol/L）、KI（0.2 mol/L）、KSCN（0.1 mol/L）、NaCl（0.2 mol/L）、金属汞。

三、实验内容

1. 锌、镉、汞氢氧化物和氧化物的生成和性质

1）锌、镉的氢氧化物生成和性质

在两支试管中各加 3 滴 0.2 mol/L 硫酸锌溶液，再分别滴加 2 mol/L 氢氧化钠溶液直到大量沉淀生成为止（不要过量）。然后，在一支试管中滴加 2 mol/L 硫酸溶液，另一支试管继续滴入 2 mol/L 氢氧化钠溶液，观察现象，并写出反应方程式。

用同样的方法试验镉的氢氧化物的生成和性质，并与氢氧化锌比较，写出有关反应方程式。

2）氧化汞的生成和性质

在两支试管中各加 3 滴 0.2 mol/L 硝酸汞溶液，再分别滴入 2 mol/L 氢氧化钠溶液，观察反应产物的颜色和状态。然后，在一支试管中滴加 2 mol/L 硝酸溶液，另一支试管滴加 40%氢氧化钠溶液，沉淀是否溶解？写出有关反应方程式。

2. 锌、镉、汞硫化物的生成和性质

往三支试管中分别加 2 滴 0.2 mol/L 硫酸锌、0.2 mol/L 硫酸镉、0.2 mol/L 硝酸汞溶液，再分别滴入 1 滴 1 mol/L 硫化钠溶液，观察所生成沉淀的颜色。

将沉淀洗涤，离心分离后弃去清液，往沉淀中分别注入 2 mol/L 盐酸，观察沉淀是否溶解。

将第二份沉淀离心分离，洗涤，往沉淀中注入浓盐酸，观察沉淀是否溶解。

将第三份沉淀离心分离，用蒸馏水洗涤后，往沉淀中注入王水（自配），在水浴上加热，观察沉淀溶解情况。

根据实验，对锌、镉、汞硫化物的溶解情况做出结论，并写出反应方程式。

3. 锌、镉、汞的配合物

1）锌、镉、汞氨合物的生成

在两支试管中分别加入两滴 0.2 mol/L 的硫酸锌和同浓度硫酸镉，再分别滴入 2 mol/L 的氨水，观察沉淀的生成。继续注入过量的 2 mol/L 的氨水又有何现象发生？写出相关反应方程式。用 0.2 mol/L 硝酸汞溶液做同样的实验，比较 Zn^{2+}、Cd^{2+}、Hg^{2+} 与氨水反应有什么不同。

2）汞配合物的生成和应用

(1) 往试管中加 1 滴 0.2 mol/L 硝酸汞溶液，再滴入 0.2 mol/L 的碘化钾溶液，观察沉淀的生成和颜色。往该沉淀中继续滴加碘化钾溶液至沉淀刚好溶解为止，不要过量，溶液呈何种颜色？写出反应方程式。

在所得的溶液中，滴加 3～4 滴 40%氢氧化钠溶液，即成奈氏试剂，试验其与氨水反应，观察沉淀颜色。

(2) 往 5 滴 0.2 mol/L $Hg(NO_3)_2$ 溶液中，逐滴加入 0.1 mol/L KSCN 溶液，最初生成的白色 $Hg(SCN)_2$ 沉淀，继续滴加 KSCN 溶液，沉淀溶解。

4. 汞(Ⅱ)的氧化性及汞(Ⅱ)与汞(Ⅰ)的相互转化

1）汞(Ⅱ)的氧化性

往 0.2 mol/L 硝酸汞溶液中，滴入 0.2 mol/L 氯化亚锡溶液（先适量，再过量），观察有何种现象发生，并写出反应方程式。此为检验 Hg^{2+} 的实验。

2）汞(Ⅱ)转化为汞(Ⅱ)与汞(Ⅰ)的歧化

往 5 滴 0.2 mol/L 硝酸汞溶液中，滴入 1 滴金属汞（汞盐和汞蒸气均有剧毒，切勿侵入伤口。也可事先由教师在硝酸汞溶液的滴瓶中加数滴汞，振摇后供学生使用），充分振荡。用滴管把清液转入两支试管（余下的汞要回收），在一支试管中加入 0.2 mol/L 氯化钠，另一支试管中滴入 2 mol/L 氨水，观察实验现象，并写出反应方程式。

5. 离子鉴别

(1) 有一瓶 Zn^{2+}-Cd^{2+} 混合溶液，试根据其性质进行鉴别，写出实验方法和步骤。

(2) 有三瓶失去标签的溶液分别是硝酸汞、硝酸亚汞和硝酸银，请鉴别（至少用两种方法）后，贴上标签。

四、思考题

（1）使用汞的时候应采取哪些安全措施？为什么要把汞储存在水面以下？

（2）根据平衡移动原理预测在硝酸亚汞溶液中通入硫化氢气体后，生成的沉淀物为何物？并加以解释。

（3）试从可能含有锌和铝的混合溶液中分离和鉴定这两种离子。

（4）举例说明 Hg(Ⅰ)和 Hg(Ⅱ)各自稳定存在和相互转化的条件是什么？

实验三十一 铬、锰

一、实验目的

掌握铬(Ⅲ)和铬(Ⅵ)化合物的性质和它们之间相互转化的条件。了解锰的各种氧化态化合物的重要性质以及它们之间相互转化的条件。

二、实验用品

仪器:试管、烧杯(50 mL)、酒精灯、玻璃棒。

试剂:亚硫酸钠、高锰酸钾、二氧化锰、氯酸钾、氢氧化钾;H_2SO_4(1 mol/L,浓)、H_2O_2(3%)、K_2CrO_4(0.1 mol/L)、NaOH(2 mol/L、6 mol/L)、$Cr_2(SO_4)_3$(0.1 mol/L)、HCl(2 mol/L,浓)、$MnSO_4$(0.2 mol/L)、Na_2SO_3(0.1 mol/L)NaClO(浓)、$KMnO_4$(0.2 mol/L、0.01 mol/L)、$AgNO_3$(0.1 mol/L)、$BaCl_2$(0.2 mol/L)、$Pb(NO_3)_2$(0.2 mol/L)、Na_2S(0.1 mo/L)、H_2S(饱和)、$NaNO_2$(0.5 mol/L)、HAc(2 mol/L);碘化钾—淀粉试纸。

三、实验内容

1. 铬的化合物性质试验

1) 氢氧化铬(Ⅲ)的生成和性质

取 2 滴 0.1 mol/L 的 $Cr_2(SO_4)_3$ 溶液,逐滴加入 2 mol/L NaOH 溶液,观察生成物的颜色和状态。将沉淀分为两份,一份加入稀硫酸,观察实验现象;另一份加入过量的 2 mol/L NaOH 溶液,观察变化(保留溶液)。

2) Cr(Ⅲ)与 Cr(Ⅵ)之间的转化

在上述保留的 CrO_2^- 溶液中加入足量 3% H_2O_2 溶液微热,颜色如何变化?继续加热以赶走氧气,观察实验现象并写出反应方程式。

3) 铬(Ⅵ)的氧化性

(1) 在 10 滴 0.2 mol/L $K_2Cr_2O_7$ 溶液中,加入少量你所选择的还原剂,观察溶液颜色的变化(如果现象不明显该怎么办?),并写出反应方程式。

(2) 试验浓 HCl(5 滴)、2 mol/L HCl 溶液(5 滴),分别与 3 滴 0.2 mol/L $K_2Cr_2O_7$ 溶液作用,用碘化钾—淀粉试纸检验有无氯气生成。

4) 铬(Ⅵ)的缩合平衡

在 5 滴 0.2 mol/L $K_2Cr_2O_7$ 溶液中加入你所选择的试剂使其转变为 K_2CrO_4。在上

述 K_2CrO_4 溶液中加入你所选择的试剂使其转变为 $K_2Cr_2O_7$，并写出反应方程式。

5）重铬酸盐和铬酸盐的溶解性

分别在 3 滴 $Cr_2O_7^{2-}$ 溶液中，各加入 1 滴 0.2 mol/L 硝酸铅、0.2 mol/L 氯化钡和 0.1 mol/L 硝酸银溶液，观察产物的颜色和状态。然后，再各取 3 滴 CrO_4^{2-} 溶液也分别加入 1 滴铅、钡、银离子溶液比较，并解释实验结果，写出有关反应方程式。

2. 锰(Ⅱ)化合物的性质

1）氢氧化锰的生成和性质

(1) 用 2 滴 0.2 mol/L $MnSO_4$ 和 2 滴 2 mol/L NaOH 溶液制取 $Mn(OH)_2$，观察沉淀的颜色，放置后再观察现象。

(2) 在 2 滴 0.2 mol/L $MnSO_4$ 溶液中加入 2 滴 2 mol/L NaOH 溶液，再加入过量的 NaOH 溶液，沉淀是否溶解？

(3) 在 2 滴 0.2 mol/L $MnSO_4$ 溶液中加入 2 滴 2 mo/L NaOH 溶液产生沉淀后迅速滴加 2 mol/L HCl 溶液，观察实验现象，并写出反应方程式。

由实验结果说明氢氧化锰(Ⅱ)的性质。

2）锰(Ⅱ)离子的氧化

试验硫酸锰和次氯酸钠溶液在酸、碱性介质中的反应。比较锰(Ⅱ)离子在何种介质中易被氧化。

3）硫化锰的生成和性质

在 2 滴 0.2 mol/L 硫酸锰溶液中滴加饱和硫化氢溶液，有无沉淀产生？若用硫化钠代替硫化氢溶液，又有何结果？

由实验结果说明硫化锰的性质和生成沉淀的条件。

3. 二氧化锰的生成和氧化性

(1) 往 1 滴 0.2 mol/L 高锰酸钾溶液中，逐滴滴入 0.2 mol/L 硫酸锰溶液，观察沉淀的颜色，往沉淀中加入 2 滴 1 mol/L 硫酸溶液和 0.1 mol/L 亚硫酸钠溶液，沉淀是否溶解？写出有关反应方程式。

(2) 在盛有少量(米粒大小)MnO_2 固体的试管中，加入 10 滴浓硫酸，加热，观察反应前后溶液颜色的变化。检验有何气体产生？写出反应方程式。

4. 高锰酸钾的性质

(1) 取豆粒大小固体高锰酸钾于试管中加热，观察有何现象发生？检验放出的气体，并写出反应方程式。

(2) 在强碱性(6 mol/L NaOH)、近中性(蒸馏水)和酸性(1 mol/L H_2SO_4)介质中，分别试验 0.1 mol/L Na_2SO_3 与 0.01 mol/L $KMnO_4$ 溶液的作用，根据实验结果说明在

不同介质中，$KMnO_4$ 的还原产物是什么？写出有关反应方程式。

5. 锰酸钾的生成和性质

在干燥的试管中加入豆粒大小混合固体氯酸钾、二氧化锰和氢氧化钾（混合固体的质量比为，氯酸钾：二氧化锰：氢氧化钾＝1：2：3。教师可事先配好混合物），加热熔融，观察产物的颜色。冷却后加水使熔块溶解，取少量上层清液，加入 2 mol/L HAc 溶液，观察现象。再加入 6 mol/L NaOH 溶液使之过量又有何变化？写出有关反应方程式。

四、思考题

（1）总结铬的各种氧化态之间相互转化的条件，注明反应在什么介质中进行的，何者是氧化剂，何者是还原剂。

（2）绘出表示锰的各种氧化态之间相互转化的示意图，注明反应在什么介质中进行的，何者是氧化剂，何者是还原剂。

（3）在碱性介质中，氧能把锰（Ⅱ）氧化为锰（Ⅳ）；在酸性介质中，锰（Ⅳ）又可将碘化钾氧化为碘。试解释这些现象，并写出反应方程式。

（4）你所用过的试剂中有几种可将 Mn^{2+} 离子氧化为高锰酸根离子？在由 $Mn^{2+} \rightarrow MnO_4^-$ 的反应中，应如何控制 Mn（Ⅱ）的用量？为什么？

实验三十二　铁、钴、镍

一、实验目的

掌握二价铁、钴、镍的还原性和三价铁、钴、镍的氧化性，熟悉铁、钴、镍常见配合物的生成和性质，学习 Fe^{2+}、Fe^{3+}、Co^{2+}、Ni^{2+} 离子的鉴定方法。

二、实验用品

仪器：试管、离心试管。

试剂：硫酸亚铁铵、硫氰酸钾；H_2SO_4（1 mol/L、3 mol/L）、HCl（浓）、NaOH（2 mol/L、6 mol/L）、$(NH_4)_2Fe(SO_4)_2$（0.1 mol/L）、$CoCl_2$（0.1 mol/L）、$NiSO_4$（0.1 mol/L）、KI（0.2 mol/L）、$K_4[Fe(CN)_6]$（0.5 mol/L）、H_2O_2（3%）、KSCN（0.5 mol/L）、$FeCl_3$（0.2 mol/L）、氨水、碘水、四氯化碳、戊醇、氨水（2 mol/L、6 mol/L，浓）、二乙酰二肟（1%）；碘化钾—淀粉试纸。

三、实验内容

1. 铁（Ⅱ）、钴（Ⅱ）、镍（Ⅱ）的化合物的还原性

1）铁（Ⅱ）的还原性

（1）酸性介质：往盛有 5 滴氯水的试管中加入 3 滴 3 mol/L 硫酸溶液，然后滴加0.1 mol/L $(NH_4)_2Fe(SO_4)_2$ 溶液，观察实验现象（如现象不明显，可滴加 1 滴 KSCN 溶液，若出现红色，则证明有 Fe^{3+} 存在），并写出反应方程式。

（2）碱性介质：在一支试管中加入 10 滴蒸馏水和 3 滴 1 mol/L 硫酸溶液，煮沸以赶尽溶于其中的空气，然后溶入少量硫酸亚铁铵晶体。在另一支试管中加入 10 滴 6 mol/L氢氧化钠溶液，煮沸。冷却后，用一长滴管吸取氢氧化钠溶液，插入硫酸亚铁铵溶液（直至试管底部）内，慢慢放出氢氧化钠，观察产物颜色和状态。振荡后放置一段时间，观察又有何变化，并写出反应方程式。产物留做下面实验用。

2）钴（Ⅱ）、镍（Ⅱ）的还原性

（1）往两支分别盛有 5 滴 0.1 mol/L $CoCl_2$、5 滴 0.1 mol/L $NiSO_4$ 溶液的试管中滴加氯水，观察有何变化。

（2）在两支各盛有 5 滴 0.1 mol/L $CoCl_2$ 溶液的试管中分别加入 3 滴 2 mol/L NaOH 溶液，所得沉淀一份置于空气中，另一份加入新配制的氯水，观察有何变化。第二份沉淀留做下面实验用。

(3) 用 0.1 mol/L $NiSO_4$ 溶液按上面实验方法操作，观察现象。第二份沉淀留做下面实验用。

2. 铁(Ⅲ)、钴(Ⅲ)、镍(Ⅲ)的氧化性

(1) 在上面实验保留下来的氢氧化铁(Ⅲ)、氢氧化钴(Ⅲ)和氢氧化镍(Ⅲ)沉淀里各加入几滴浓盐酸，振荡后观察各有何变化，并用碘化钾—淀粉试纸检验所放出的气体。各反应方程式为

$$Fe(OH)_3 + 3HCl = FeCl_3 + 3H_2O$$

$$2CoO(OH) + 6HCl = 2CoCl_2 + Cl_2\uparrow + 4H_2O$$

$$2NiO(OH) + 6HCl = 2NiCl_2 + Cl_2\uparrow + 4H_2O$$

(2) 在上述制得的三氯化铁溶液中滴 0.2 mol/L KI 溶液，再加几滴四氯化碳，振荡试管观察实验现象并写出反应方程式。

3. 配合物的生成和 Fe^{2+}、Fe^{3+}、Co^{2+}、Ni^{2+} 离子的鉴定方法

1) 铁的配合物

(1) 往盛有 5 滴 0.5 mol/L 亚铁氰化钾(黄血盐)溶液的试管里加入 2 滴碘水。摇动试管后，再加入 2 滴 0.1 mol/L 硫酸亚铁铵溶液，观察有何现象发生。此为 Fe^{2+} 离子的鉴定反应：

$$2[Fe(CN)_6]^{4-} + I_2 = 2[Fe(CN)_6]^{3-} + 2I^-$$

$$2[Fe(CN)_6]^{3-} + 3Fe^{2+} = Fe_3[Fe(CN)_6]_2$$

(2) 往盛有 10 滴新配制的 0.1 mol/L $(NH_4)Fe(SO_4)_2$ 溶液的试管里加入 5 滴碘水。摇动试管后，将溶液分成两份，并各滴 3 滴 0.5 mol/L KSCN 溶液，然后向其中一支试管中注入约 5 滴 3% H_2O_2 溶液，观察实验现象。此为 Fe^{3+} 离子的鉴定反应：

$$2Fe^{2+} + 2H^+ = 2Fe^{3+} + 2H_2O$$

$$Fe^{3+} + nNCS^- = [Fe(NCS)_n]^{3-n} \quad (n=1\sim6)$$

试从配合物的生成对电极电势的影响来解释为什么 $[Fe(CN)_6]^{4-}$ 能把 I_2 还原成 I^-，而 Fe^{2+} 则不能。

(3) 往 3 滴三氯化铁溶液中滴加 0.5 mol/L 亚铁氯化钾溶液，观察现象，并写出反应方程式。这也是鉴定 Fe^{3+} 离子的一种常用方法。

(4) 往盛有 3 滴 0.2 mol/L 三氯化铁的试管中，滴入浓氨水直至过量，观察实验现象。

2) 钴的配合物

(1) 往盛有 5 滴 0.1 mol/L $CoCl_2$ 溶液的试管中加入米粒大小的固体硫氰化钾，观

察固体周围的颜色，再注入 5 滴戊醇，振荡后，观察水相和有机相的颜色（蓝色 $[Co(SCN)_4]^{2-}$ 在有机相中可以稳定存在）。这个反应可用来鉴定 Co^{2+} 离子。

（2）往 3 滴 0.1 mol/L $CoCl_2$ 溶液中逐滴加浓氨水，至生成的沉淀刚好溶解为止，静置一段时间后，观察溶液的颜色有何变化，并写出反应方程式。

3）镍的配合物

（1）往盛有 10 滴 0.1 mol/L $NiSO_4$ 溶液中加入过量的 6 mol/L 氨水，观察现象。静置片刻，再观察现象，并写出反应方程式。把溶液分成四份：一份加入 2 mol/L NaOH 溶液，一份加入 1 mol/L H_2SO_4 溶液，一份加水稀释，一份煮沸，观察现象并解释。

（2）在 3 滴 0.1 mol/L $NiSO_4$ 溶液中，加入 3 滴 2 mol/L 氨水，再加入一滴 1%二乙酰二肟，由于 Ni^{2+} 与二乙酰二肟生成稳定的螯合物而产生红色沉淀。这个反应用来鉴定 Ni^{2+} 离子的存在。

四、思考题

（1）总结 Fe（Ⅱ、Ⅲ）、Co（Ⅱ、Ⅲ）、Ni（Ⅱ、Ⅲ）所形成主要化合物的性质。

（2）有一浅绿色晶体 A，可溶于水得到溶液 B，在 B 中加入不含氧气的 6 mol/L NaOH 溶液，有白色沉淀 C 和气体 D 生成。C 在空气中逐渐变棕色，气体 D 使红色石蕊试纸变蓝。若将溶液 B 加以酸化再滴加一紫红色溶液 E，则得到浅黄色溶液 F，于 F 中加入黄血盐溶液，立即产生深蓝色的沉淀 G；若溶液 B 中加入 $BaCl_2$ 浴液，有白色沉淀 H 析出，此沉淀不溶于强酸。试写出 A、B、C、D、E、F、G、H 的分子式及有关的反应式。

（3）今有一瓶含有 Fe^{2+}、Cr^{3+}、Ni^{2+} 离子的混合液，如何将它们分离出来，请设计分离示意图。

实验三十三　常见非金属阴离子的分离与鉴定

一、实验目的

学习和掌握常见非金属阴离子的分离与鉴定方法，熟悉离子检出的基本操作。

二、实验用品

仪器：试管、离心试管、点滴板、离心机。

试剂：硫酸亚铁、碳酸镉、锌粉（或镁粉）；Na_2S（0.1 mol/L）、Na_2SO_3（0.1 mol/L）、$Na_2S_2O_3$（0.1 mol/L）、Na_3PO_4（0.1 mol/L）、NaCl（0.1 mol/L）、NaBr（0.1 mol/L）、NaI（0.1 mol/L）、$NaNO_3$（0.1 mol/L）、Na_2CO_3（0.1 mol/L）、$NaNO_2$（0.1 mol/L）、$(NH_4)_2MoO_4$（0.1 mol/L）、$BaCl_2$（0.1 mol/L）、$KMnO_4$（0.01 mol/L）、$ZnSO_4$（饱和）、$K_4[Fe(CN)_6]$（0.5 mol/L）、$AgNO_3$（0.1 mol/L）、H_2SO_4（浓 1 mol/L）、HNO_3（6 mol/L）、HCl（6 mol/L）、NaOH（2 mol/L）、$Ba(OH)_2$（饱和）或新配制的石灰水、氨水（6 mol/L）、H_2O_2（3%）、氯水、CCl_4、对氨基苯磺酸（1%）、α-萘胺（0.4%）、亚硝酰铁氰化钠（9%）；$Pb(Ac)_2$ 试纸、碘—淀粉试纸、碘化钾—淀粉试纸。

三、实验内容

在元素周期表中，形成阴离子的元素虽然不多，但是同一元素常常不只形成一种阴离子。阴离子多数是由两种或两种以上元素构成的酸根或配离子，同一种元素的中心原子能形成多种阴离子。例如，由元素 S 可以形成 S^{2-}、SO_3^{2-}、SO_4^{2-}、$S_2O_3^{2-}$、$S_2O_7^{2-}$、$S_2O_8^{2-}$ 和 $S_4O_6^{2-}$ 等常见的阴离子；由元素 P 可以构成节 PO_4^{3-}、HPO_4^{2-}、$H_2PO_4^-$、$P_2O_7^{4-}$、HPO_3^{2-} 和 $H_2PO_2^-$ 等阴离子。

在非金属阴离子中，有的与酸作用生成挥发性的物质，有的与试剂作用生成沉淀，还有的呈现氧化还原性质。利用这些特点，根据溶液中离子共存情况，应先通过初步试验或进行分组试验以排除不可能存在的离子，然后鉴定可能存在的离子。

初步性质检验一般包括试液的酸碱性试验，与酸反应产生气体的试验，各种阴离子的沉淀性质、氧化还原性质。预先做初步检验，可以排除某些离子存在的可能性，从而简化分析步骤。初步检验包括以下内容。

1. 试液的酸碱性试验

若试液呈强酸性，则易被酸分解的离子如 CO_3^{2-}、NO_2、$S_2O_3^{2-}$ 等阴离子不存在。

2. 是否产生气体的试验

若在试液中加入稀 H_2SO_4 或稀 HCl 溶液，有气体产生，表示可能存在 CO_3^{2-}、SO_3^{2-}、$S_2O_3^{2-}$、S^{2-}、NO^{2-} 等离子。根据生成气体的颜色和气味以及生成气体具有某些特征反应，确定其含有的阴离子，如 NO_2^- 被酸分解后生成的红棕色 NO_2 气体，能将湿润的碘化钾—淀粉试纸变蓝；S^{2-} 被酸分解后产生的 H_2S 气体可使醋酸铅试纸变黑，据此可判断 NO_2^- 和 S^{2-} 离子分别存在于各自溶液中。

3. 氧化性阴离子的试验

在酸化的试液中，加入 KI 溶液和 CCl_4 振荡后 CCl_4 层呈紫色，则有氧化性离子存在，如 NO_2^- 离子。

4. 还原性阴离子的试验

在酸化的试液中，加入 $KMnO_4$ 稀溶液，若紫色褪去，则可能存在 S^{2-}、SO_3^{2-}、$S_2O_3^{2-}$、Br^-、I^-、NO_2^- 等离子；若紫色不褪，则上述离子都不存在。试液经酸化后，加入碘—淀粉溶液，蓝色褪去，则表示存在 S^{2-}、SO_3^{2-}、$S_2O_3^{2-}$ 等离子。

5. 难溶盐阴离子的试验

1）钡组阴离子

在中性或弱碱性试液中，用 $BaCl_2$ 能沉淀 SO_4^{2-}、SO_3^{2-}、$S_2O_3^{2-}$、CO_3^{2-}、PO_4^{3-} 等阴离子。

2）银组阴离子

用 $AgNO_3$ 能沉淀 Cl^-、Br^-、S^{2-}、$S_2O_3^{2-}$ 等阴离子，然后用稀 HNO_3 酸化，沉淀不溶解。

可以根据 Ba^{2+} 和 Ag^+ 相应盐类的溶解性，区分易溶盐和难溶盐。加入一种阳离子（如 Ag^+）可以试验整组阴离子是否存在，这种试剂就是相应的组试剂。

经过初步试验后，可以对试液中可能存在的阴离子做出判断，如表 33-1 所示，然后根据阴离子的特征反应进行鉴定。

表 33-1　阴离子的初步实验

阴离子	试剂					
	气体放出试验（稀 H_2SO_4）	还原性阴离子试验		氧化性阴离子试验	$BaCl_2$（中性或弱碱性）	$AgNO_3$（稀 HNO_3）
		$KMnO_4$（稀 H_2SO_4）	碘—淀粉（稀 H_2SO_4）	KI（稀 H_2SO_4，CCl_4）		
CO_3^{2-}	+				+	
NO_3^-				（+）		
NO_2^-	+	+		+		

续表

阴离子	试剂					
	气体放出试验（稀 H_2SO_4）	还原性阴离子试验 KMnO$_4$（稀 H_2SO_4）	还原性阴离子试验 碘—淀粉（稀 H_2SO_4）	氧化性阴离子试验 KI（稀 H_2SO_4，CCl_4）	$BaCl_2$（中性或弱碱性）	$AgNO_3$（稀 HNO_3）
SO_4^{2-}					+	
SO_3^{2-}	（+）	+	+		+	
$S_2O_3^{2-}$	（+）	+	+		（+）	+
PO_4^{3-}					+	
S^{2-}	+	+	+			+
Cl^-						+
Br^-		+				+
I^-		+				+

注：（+）表示试验现象不明显，只有在适当条件下（如浓度大时）才发生反应。

6. 常见阴离子的鉴定

1）CO_3^{2-} 的鉴定

取 5 滴含 CO_3^{2-} 离子的试液于离心试管中，用 pH 试纸测定溶液的 pH 值，再加 5 滴 6 mol/L HCI 溶液，立即将事先沾有一滴新配制的石灰水或 $Ba(OH)_2$ 溶液的玻璃棒置于试管口上，仔细观察，如玻璃棒上溶液立刻变为白色浑浊液，结合溶液的 pH 值，可以判断有 CO_3^{2-} 离子存在。

2）NO_3^- 的鉴定

取 2 滴含 NO_3^- 离子的试液于点滴板上，在溶液的中央放一粒 $FeSO_4$ 晶体，然后在晶体上加一滴浓硫酸。若晶体周围有棕色出现，则表示有 NO_3^- 离子存在。

3）NO_2^- 的鉴定

取 2 滴含 NO_2^- 离子的试液于点滴板上，加一滴 2 mol/L HAc 溶液酸化，再加一滴对氨基苯磺酸和一滴 α-萘胺。若有玫瑰色出现，则表示有 NO_2^- 离子存在。

4）SO_4^{2-} 的鉴定

取 3 滴含 SO_4^{2-} 离子的试液于试管中，加 2 滴 6 mol/L HCl 溶液和一滴 0.1 mol/L $BaCl_2$ 溶液。若有白色沉淀出现，则表示有 SO_4^{2-} 离子存在。

5）SO_3^{2-} 的鉴定

取 3 滴含 SO_3^{2-} 离子的试液于试管中，加 2 滴 1 mol/L H_2SO_4 溶液，迅速加入一滴 0.01 mol/L $KMnO_4$ 溶液。若紫色褪去，则表示有 SO_3^{2-} 离子存在。

6）$S_2O_3^{2-}$ 的鉴定

取 3 滴含 $S_2O_3^{2-}$ 离子的试液于试管中，加 5 滴 0.1 mol/L $AgNO_3$ 溶液，振荡。若有白色沉淀迅速变棕变黑，则表示有 $S_2O_3^{2-}$ 离子存在。

7）PO_4^{3-} 的鉴定

取 3 滴含 PO_4^{3-} 离子的试液于离心试管中，加 5 滴 6 mol/L HNO_3 溶液，再加 8～10 滴 $(NH_4)_2MoO_4$ 溶液，温热。若有黄色沉淀出现，则表示有 PO_4^{3-} 离子存在。

反应方程式为

$$PO_4^{3-}+12MoO_4^{2-}+27H^+ = H_3PMo_{12}O_{40}+12H_2O$$

8）S^{2-} 的鉴定

取 1 滴含 S^{2-} 离子的试液于离心试管中，加 1 滴 2 mol/L NaOH 溶液，再加一滴亚硝酰铁氰化钠溶液。若溶液变成紫色，则表示有 S^{2-} 离子存在。

9）Cl^- 的鉴定

取 3 滴含 Cl^- 离子的试液于离心试管中，加 1 滴 6 mol/L HNO_3 溶液酸化，再滴加 0.1 mol/L $AgNO_3$ 溶液，如有白色沉淀初步说明试液中可能有 Cl^- 存在。将离心试管在水浴上微热，离心分离，弃去清液，在沉淀上加入 3～5 滴 6 mol/L 的氨水，用细玻璃棒搅拌。若沉淀溶解，再加 5 滴 6 mol/L HNO_3 酸化后重新生成白色沉淀，则表示有 Cl^- 离子存在。

10）Br^- 的鉴定

取 5 滴含 Br^- 离子的试液于离心试管中，加 3 滴 1 mol/L H_2SO_4 溶液和 2 滴 CCl_4，然后逐滴加入 5 滴氯水并振荡试管。若 CCl_4 层出现黄色或橙红色，则表示有 Br^- 离子存在。

11）I^- 的鉴定

取 5 滴含 I^- 离子的试液于离心试管中，加 2 滴 1 mol/L H_2SO_4 溶液和 3 滴 CCl_4 然后逐滴加入氯水并振荡试管。若 CCl_4 层出现紫色然后褪至无色，则表示有 I^- 离子存在。

7. 混合离子的分高

1）Cl^-、Br^-、I^- 混合物的分离与鉴定

一般方法是将卤素离子转化为卤化银 AgX，然后用氨水或 $(NH_4)_2CO_3$ 将 AgCl 溶解而与 Br^-、I^- 分离。在余下的 AgBr、AgI 混合物中加入稀 H_2SO_4 酸化，再加入少量锌粉和镁粉，并加热将 Br^-、I^- 转入溶液。酸化后再加入氯水和 CCl_4，振荡，CCl_4 层显紫红色表示有 I^-，继续加入氯水 CCl_4 层显棕黄色表示有 Br^- 存在。

2）S^{2-}、SO_3^{2-}、$S_2O_3^{2-}$ 混合物的分离与鉴定

一般取少量试液，加入 NaOH 碱化，再加入亚硝酰铁氰化钠，若有特殊红紫色出现，则表示有 S^{2-} 存在。用固体 $CdCO_3$ 除去 S^{2-}，再将滤液分为两份，一份中加入亚硝酰铁氰化钠，过量饱和 $ZnSO_4$ 溶液及亚硝酰铁氰化钾溶液。若有红色沉淀，则表示有 SO_3^{2-} 存在。在另一份溶液中滴加过量 $AgNO_3$ 溶液，若有沉淀生成且由白→棕→黑色变化，表示有 $S_2O_3^{2-}$ 存在。

四、思考题

（1）取下列盐中的两种混合，加水溶解时有沉淀产生。将沉淀分为两份，一份溶于 HCl 溶液，另一份溶于 HNO_3 溶液。试指出下列哪两种盐混合时可能有此现象？

$BaCl_2$、$AgNO_3$、Na_2SO_4、$(NH_4)_2CO_3$、KCl

（2）一个能溶于水的混合物，已检出含 Ag^+ 和 Ba^{2+}。下列阴离子哪几个可不必鉴定？

SO_3^{2-}、Cl^-、NO_3^-、SO_4^{2-}、CO_3^{2-}、I^-

（3）某阴离子未知液经初步试验结果如下：

①试液呈酸性时无气体产生；

②酸性溶液中加入 $BaCl_2$ 溶液无沉淀；

③加入稀硝酸和 $AgNO_3$，溶液产生黄色沉淀；

④酸性溶液中加入 $KMnO_4$，紫色褪去，加 I_2—淀粉溶液，蓝色不褪去；

⑤与 KI 无反应。

由以上初步实验结果，推测哪些阴离子可能存在。说明理由并提出进一步验证的步骤。

（4）加稀 H_2SO_4 或稀 HCl 溶液于固体试样中，如观察到有气泡产生，则该固体试样中可能存在哪些阴离子？

（5）有一阴离子未知液，用稀 HNO_3 调节至酸性后，加入 $AgNO_3$ 溶液，发现并无沉淀生成，你能确定哪几种阴离子不存在？

（6）在酸性溶液中能使 I_2—淀粉溶液褪色的阴离子有哪些？

附注：

（1）CO_3^{2-} 的鉴定中，用 $Ba(OH)_2$ 溶液检验时，SO_3^{2-}、$S_2O_3^{2-}$ 会有干扰，因为酸化时产生的 SO_2 也会使 $Ba(OH)_2$ 溶液浑浊：

$$SO_2+Ba(OH)_4 \longrightarrow BaSO_3\downarrow+H_2O$$

所以初步试验时检出有 SO_3^{2-}、$S_2O_3^{2-}$ 阴离子，在酸化前要加入 3%H_2O_2，用氧化的方法

除去这些干扰离子：

$$SO_3^{2-} + H_2O_2 = SO_4^{2-} + H_2O$$

$$S_2O_3^{2-} + 4H_2O_2 + H_2O = 2SO_4^{2-} + 2H^+ + 4H_2O$$

(2) I_2 能与过量的氯水反应生成无色溶液，其反应为

$$I_2 + 5Cl_2 + 6H_2O = 2HClO_3 + 10HCl$$

实验三十四 常见阳离子的分离与鉴定

一、实验目的

复习和巩固有关金属化合物性质的知识。了解常见阳离子混合液的分离和个别鉴定的方法。

二、实验用品

仪器：试管、烧杯(250 mL)、离心机、离心试管。

试剂：亚硝酸钠；HCl(2 mol/L、6 mol/L，浓)、H_2SO_4(3 mol/L)、HNO_3(6 mol/L)、HAc(2 mol/L、6 mol/L)、NaOH(2 mol/L、6 mol/L)、$NH_3 \cdot H_2O$(6 mol/L)、KOH(2 mol/L)、NaCl(1 mol/L)、KCl(1 mol/L)、$MgCl_2$(0.5 mol/L)、$CaCl_2$(0.5 mol/L)、$BaCl_2$(0.5 mol/L)、$AlCl_3$(0.5 mol/L)、$SnCl_2$(0.5 mol/L)、$Pb(NO_3)_2$(0.5 mol/L)、$SbCl_3$(0.1 mol/L)、$HgCl_2$(0.2 mol/L)、$Bi(NO_3)_3$(0.1 mol/L)、$CuCl_2$(0.5 mol/L)、$AgNO_3$(0.1 mol/L)、$ZnSO_4$(0.2 mol/L)、$Cd(NO_3)_2$(0.2 mol/L)、$Al(NO_3)_3$(0.5 mol/L)、$NaNO_3$(0.5 mol/L)、$Ba(NO_3)_2$(0.5 mol/L)、Na_2S(0.5 mol/L)、$KSb(OH)_6$(饱和)、$NaHC_4H_4O_6$(饱和)、$(NH_4)_2C_2O_4$(饱和)、NaAc(2 mol/L)、K_2CrO_4(1 mol/L)、Na_2CO_3(饱和)、NH_4Ac(2 mol/L)、$K_4[Fe(CN)_6]$(0.5 mol/L)、镁试剂、0.1%铝试剂、罗丹明B、苯、2.5%硫脲、$(NH_4)_2[Hg(SCN)_4]$；玻璃棒、pH试纸、镍丝。

三、实验内容

一般根据离子对试剂的不同反应进行离子的分离、鉴定。这些反应常伴随发生一些特殊的现象，如沉淀的生成或溶解，气体的产生，特殊颜色的出现等。

离子的分离和鉴定只有在一定条件下才能进行。这主要指反应物的浓度、溶液的酸碱性、反应温度、干扰物是否存在等。为达到预期目的，就要严格控制反应条件。常用于进行阳离子分离、鉴定的试剂主要有：HCl、H_2SO_4、NaOH、$NH_3 \cdot H_2O$、$(NH_4)_2CO_3$、H_2S及一些与阳离子有特殊反应的试剂。常见阳离子与这些试剂反应的条件及生成物特点如表34-1所示。

1. s区离子的鉴定

1) Na^+的鉴定

在试管中加入5滴1 mol/L NaCl溶液，滴加5滴饱和六羟基锑(V)酸钾($KSb(OH)_6$)

表 34-1　常见阳离子与常见试剂的反应

试剂离子		Ag^+	Pb^{2+}	Cd^{2+}	Cu^{2+}	Hg^{2+}	Bi^{3+}	Sb^{3+}	Sn^{2+}	Al^{3+}	Fe^{3+}	Zn^{2+}	Ba^{2+}	Ca^{2+}	Mg^{2+}
HCl		$AgCl\downarrow$ 白色	$PbCl_2\downarrow$ 白色												
H_2S 0.3 mol/L HCl		$Ag_2S\downarrow$ 黑色	$PbS\downarrow$ 黑色	$CdS\downarrow$ 亮黄色	$CuS\downarrow$ 黑色	$HgS\downarrow$ 黑色	$Bi_2S_3\downarrow$ 暗褐色	$Sb_2S_3\downarrow$ 橙色	$SnS\downarrow$ 褐色						
硫化物沉淀加 NaS		不溶	不溶	不溶	不溶	HgS_2^{2-}	不溶	SbS_3^{3-}	不溶						
$(NH_4)_2S$		$Ag_2S\downarrow$ 黑色	$PbS\downarrow$ 黑色	$CdS\downarrow$ 亮黄色	$CuS\downarrow$ 黑色	$HgS\downarrow$ 黑色	$Bi_2S_3\downarrow$ 暗褐色	$Sb_2S_3\downarrow$ 橙色	$SnS\downarrow$ 褐色	$Al(OH)_3\downarrow$ 白色	$FeS\downarrow$ 黑色	$ZnS\downarrow$ 白色			
$(NH_4)_2CO_3$		$Ag_2CO_3\downarrow$ 白，过量→ $Ag(NH_3)_2^+$	碱式盐 白色	碱式盐 白色	碱式盐 浅蓝色	碱式盐 白色	碱式盐 白色	$HSbO_2\downarrow$ 白色	$Sn(OH)_2\downarrow$ 白色	$Al(OH)_3\downarrow$ 白色	碱式盐 红褐色	碱式盐 白色	$BaCO_3\downarrow$ 白色	$CaCO_3\downarrow$ 白色	碱式盐 NH_4^+ 浓度大时不沉淀
NaOH	适量	$Ag_2O\downarrow$ 褐色	$Pb(OH)_2\downarrow$ 白色	$Cd(OH)_2\downarrow$ 白色	$Cu(OH)_2\downarrow$ 浅蓝色	$HgO\downarrow$ 黄色	$Bi(OH)_3\downarrow$ 白色	$HSbO_2\downarrow$ 白色	$Sn(OH)_2\downarrow$ 白色	$Al(OH)_3\downarrow$ 白色	$Fe(OH)_3\downarrow$ 红棕色	$Zn(OH)_2\downarrow$ 白色		$Ca(OH)_2\downarrow$ 少量白色	$Mg(OH)_2\downarrow$ 白色
	过量	不溶	PbO_2^{2-}	不溶	CuO_2^{2-}	不溶	不溶		SnO_2^{2-}	AlO_2^-	不溶	ZnO_2^{2-}		不溶	不溶
NH_3	适量	$Ag_2O\downarrow$ 褐色	$Pb(OH)_2\downarrow$ 白色	$Cd(OH)_2\downarrow$ 白色	$Cu(OH)_2\downarrow$ 浅蓝色	$NH_2HgCl\downarrow$ 白色	$Bi(OH)_3\downarrow$ 白色	$HSbO_2\downarrow$ 白色	$Sn(OH)_2\downarrow$ 白色	$Al(OH)_3\downarrow$ 白色	$Fe(OH)_3\downarrow$ 红棕色	$Zn(OH)_2\downarrow$ 白色			$Mg(OH)_2\downarrow$ 部分，白色
	过量		不溶			不溶	不溶	不溶	不溶	不溶	不溶	$Zn(OH)_4^{2+}$			不溶
H_2SO_4		$Ag_2SO_4\downarrow$ 白色	$PbSO_4\downarrow$ 白色										$BaSO_4\downarrow$ 白色	$CaSO_4\downarrow$ 白色	

溶液，观察是否有白色结晶状沉淀产生。如无沉淀生成，可用玻璃体摩擦试管内壁，放置片刻，再观察。写出反应方程式。

2）K^+ 的鉴定

在试管中加入 5 滴 1 mol/L KCl 溶液，滴加 5 滴饱和酒石酸氢钠 $NaHC_4H_4O_6$ 溶液，观察是否有白色结晶状沉淀产生。如无沉淀生成，可用玻璃棒摩擦试管内壁，放置片刻，再观察。写出反应方程式。

3）Mg^{2+} 的鉴定

在试管中加入 2 滴 0.5 mol/L $MgCl_2$ 溶液，滴加 6 mol/L NaOH 溶液，直到生成絮状的 $Mg(OH)_2$ 沉淀为止；再加入 1 滴镁试剂，搅拌。如有蓝色沉淀生成，表示有 Mg^{2+} 存在。

4）Ca^{2+} 鉴定

在试管中加入 5 滴 0.5 mol/L $CaCl_2$ 溶液，再加 5 滴草酸铵溶液，有白色沉淀产生。离心分离，弃去清液。若白色沉淀不溶于 6 mol/L HAc 溶液而溶于 2 mol/L HCl 溶液，表明有 Ca^{2+} 离子存在。

5）Ba^+ 的鉴定

在试管中加入 2 滴 0.5 mol/L $BaCl_2$ 溶液，再加 2 mol/L HAc 溶液和 2 mol/L NaAc 溶液各 2 滴，然后滴加 2 滴 1 mol/L K_2CrO_4 溶液。若有黄色沉淀生成，表明有 Ba^{2+} 离子存在。

2. p 区部分离子的鉴定

1）Al^{3+} 的鉴定

取 2 滴 0.5 mol/L $AlCl_3$ 溶液于试管中，加 2 滴水、2 滴 2 mol/L HAc 和 2 滴 0.1% 铝试剂，搅拌后，置于水浴上加热片刻，再加入 2 滴 6 mol/L 氨水。若有红色絮状沉淀生成，表示有 Al^{3+} 离子存在。

2）Sn^{2+} 的鉴定

取 3 滴 0.5 mol/L $SnCl_2$ 溶液于试管中，逐滴加入 0.2 mol/L $HgCl_2$ 溶液，边加边振荡。若产生的沉淀由白色变为灰色，又变为黑色，表示有 Sn^{2+} 离子存在。

3）Pb^{2+} 的鉴定

取 3 滴 0.5 mol/L $Pb(NO_3)_2$ 溶液于离心试管中，加 2 滴 1 mol/L K_2CrO_4 溶液，如有黄色沉淀生成，在沉淀上滴加数滴 2 mol/L NaOH 溶液，沉淀溶解，表示有 Pb^{2+} 离子存在。

4）Sb^{3+} 的鉴定

取 5 滴 0.1 mol/L $SbCl_3$ 溶液于离心试管中，加 3 滴浓盐酸及数粒亚硝酸钠，将 Sb(Ⅲ)氧化为 Sb(Ⅴ)，当无气体放出时，加数滴苯及 2 滴罗丹明 B 溶液。若苯层显紫色，表示有 Sb^{3+} 离子存在。

5）Bi^{3+} 的鉴定

取 1 滴 0.1 mol/L $Bi(NO_3)_3$ 溶液于试管中，加 1 滴 2.5% 的硫脲，生成鲜黄色溶液，表示有 Bi^{3+} 离子存在。

3. ds 区部分离子的鉴定

1）Cu^{2+} 的鉴定

取 1 滴 0.5 mol/L $CuCl_2$ 溶液于试管中，加 1 滴 6 mol/L HAc 酸化，再加 1 滴 0.5 mol/L 亚铁氰化钾 $K_4[Fe(CN)_6]$ 溶液，生成红棕色 $Cu_2[Fe(CN)_6]$ 沉淀，表示有 Cu^{2+} 离子存在。

2）Ag^+ 的鉴定

取 3 滴 0.1 mol/L $AgNO_3$ 溶液液于试管中，加 2 滴 2 mol/L HCl，产生白色沉淀。在沉淀中加入 6 mol/L 氨水至沉淀完全溶解，再用 6 mol/L HNO_3 酸化，有白色沉淀生成，表示有 Ag^+ 离子存在。

3）Zn^{2+} 的鉴定

取 2 滴 0.2 mol/L $ZnSO_4$ 溶液于试管中，加 2 滴 2 mol/L HAc 溶液酸化，再加入等体积的硫氰酸汞铵 $(NH_4)[Hg(SCN)_4]$ 溶液，用玻璃棒摩擦试管壁，有白色沉淀生成，表示有 Zn^{2+} 离子存在。

4）Cd^{2+} 的鉴定

取 2 滴 0.2 mol/L $Cd(NO_3)_2$ 溶液于试管中，加 2 滴 0.5 mol/L Na_2S，生成亮黄色沉淀，表示有 Cd^{2+} 离子存在。

5）Hg^{2+} 的鉴定

取 2 滴 0.2 mol/L $HgCl_2$ 溶液于试管中，逐滴加入 0.5 mol/L $SnCl_2$ 溶液，边加边振荡，沉淀为灰色，表示有 Hg^{2+} 离子存在。

4. 部分混合离子的分离和鉴定

(1) Ag^+、Ba^{2+}、Al^{3+}、Cd^{2+}、Na^+ 离子的硝酸盐混合溶液 1 mL 于离心试管中，加入 1 滴 6 mol/L 盐酸，剧烈搅拌，生成沉淀后，再加 1 滴 6 mol/L 盐酸，至沉淀完全，搅拌后离心分离，清液转移至另一离心试管。沉淀上加入 2 滴 6 mol/L 氨水，按实验内容 3.2）进行 Ag^+ 离子的鉴定。

(2) 清液中滴加 6 mol/L 氨水至显碱性，搅拌后离心分离，清液转移至另一离心试管。沉淀上加入 2 滴 2 mol/L HAc 和 2 滴 2 mol/L NaAc，按本实验的 2.1）进行 Al^{3+} 离子的鉴定。

(3) 清液中滴加 3 mol/L H_2SO_4 至产生白色沉淀，再过量 2 滴，搅拌后离心分离，清液转移至另一离心试管。用热蒸馏水 10 滴洗涤沉淀，离心分离，清液并入上面的清液中。在沉淀中加入饱和 Na_2CO_3 溶液 3 滴，搅拌后加入 2 mol/L HAc 和 2 mol/L NaAc 各 2 滴，按本实验的 1.5)进行 Ba^{2+} 离子的鉴定。

(4) 取少量清液于一试管中，加入 2 滴 0.5 mol/L Na_2S 溶液，产生亮黄色沉淀，表示有 Cd^{2+} 离子存在。

(5) 取少量清液于另一试管中，加入几滴饱和酒石酸锑钾溶液，产生白色沉淀，表示有 Na^+ 离子存在。

四、思考题

(1) 由碳酸盐制取铬酸盐沉淀时，为什么用醋酸溶液去溶解沉淀而不用盐酸溶液去溶解？

(2) 用 $K_4[Fe(CN)_6]$ 检出 Cu^{2+} 离子时，为什么要用醋酸酸化溶液？

(3) 沉淀 HgS 时，为什么用 H_2SO_4 酸化而不用 HCl 酸化？

(4) 选用一种试剂区别下列离子：

$$Cu^{2+}, Zn^{2+}, Hg^{2+}, Cd^{2+}$$

(5) 设计分离和鉴定下列混合离子的方案：

$$Pb^{2+}, Zn^{2+}, Ba^{2+}, K^+$$

实验三十五　未知物的鉴定或鉴别

一、实验目的

运用所学的单质和化合物的基本性质，进行常见物质的鉴别或鉴定，进一步复习和巩固常见离子重要反应的基本知识。

二、实验原理

当一个试样需要鉴定或一组未知物需要鉴别时，通常可根据以下几个方面进行判断。

1．物态

（1）观察试样在常温时的状态，如果是晶体则要观察它的晶形。

（2）观察试样的颜色。溶液试样可根据离子的颜色，固体试样可根据化合物的颜色及配成溶液后的颜色，预测哪些离子可能存在，哪些离子不可能存在。

2．溶解性

首先试验在水中的溶解性，在冷水中的溶解性怎样？在热水中又怎样？不溶于水的固体试样有可能溶于酸或碱，可依次用盐酸（稀、浓）、硝酸（稀、浓）、氢氧化钠（稀、浓）溶液试验其溶解性。

3．酸碱性

酸或碱可直接加入指示剂或用 pH 试纸检测进行判断；两性物质可利用它既溶于酸又溶于碱的性质进行判断；可溶性盐的酸碱性可用它的水溶液加以判断。有时还可以根据试液的酸碱性来排除某些离子存在的可能性。

4．热稳定性

物质的热稳定性有时差别很大。有的物质在常温时就不稳定，有的物质加热时易分解，还有的物质受热时易挥发或升华。可根据试样加热后物相的转变、颜色的变化、有无气体放出等现象进行初步判断。

5．鉴定或鉴别反应

经过前面对试样的观察和初步试验，再进行相应的鉴定或鉴别反应，就能给出准确的判断。在基础无机化学实验中鉴定反应大致采用以下几种方法。

（1）通过与某种试剂的反应，生成沉淀，或沉淀溶解，或放出气体。还可再对生成的沉淀或气体进行检验。

（2）显色反应。

（3）焰色反应。

（4）硼砂珠实验。

（5）其他特征反应。

进行未知试样的鉴别和鉴定时要特别注意干扰离子的存在，尽量采用特效反应进行鉴别和鉴定。

三、实验内容（可选做或调换其他内容）

按照下述实验内容列出实验用品及分析步骤。

（1）区分两片金属片：一片是铝片，一片是锌片。

（2）鉴别四种黑色或近于黑色的氧化物：

CuO、Co_2O_3、PbO_2、MoO_2

（3）未知混合液 1，2，3 分别含有 Cr^{3+}，Mn^{2+}，Fe^{3+}，Co^{2+}，Ni^{2+} 离子中的大部分或全部，设计一实验方案以确定未知液中含有哪几种离子，哪几种离子不存在。

（4）鉴别下列化合物：

$CuSO_4$、Cu_2SO_4、$FeCl_3$、$BaCl_2$、$NiSO_4$、$CoCl_2$、NH_4HCO_3、NH_4Cl

（5）盛有下列十种硝酸盐溶液的试剂瓶标签脱落，试加以鉴别：

$AgNO_3$、$Hg(NO_3)_2$、$Hg_2(NO_3)_2$、$Pb(NO_3)_2$、$NaNO_3$、$Cd(NO_3)_2$、$Zn(NO_3)_2$、$Al(NO_3)_3$、KNO_3、$Mn(NO_3)_2$

（6）盛有下列十种固体钠盐的试剂瓶标签被腐蚀，试加以鉴别：

$NaNO_3$、Na_2S、$Na_2S_2O_3$、Na_3PO_4、$NaCl$、Na_2CO_3、$NaHCO_3$、Na_2SO_4、$NaBr$、Na_2SO_3

（7）溶液中可能有如下十种阴离子：S^{2-}、SO_3^{2-}、SO_4^{2-}、PO_4^{3-}、NO_3^-、NO_2^-、Cl^-、Br^-、I^-、CO_3^{2-} 中的四种，试写出分析步骤及鉴定结果。

Ⅳ　制备和设计实验

实验三十六　硝酸钾的制备与提纯

一、实验目的

学习用复分解反应制备盐类及利用温度对物质溶解度的影响进行分离的方法。进一步巩固溶解、过滤、结晶等操作，掌握重结晶法提纯物质的原理和操作。

二、实验用品

仪器：烧杯(50 mL、100 mL)、量筒、酒精灯、石棉网、三脚架、漏斗、抽气管、吸滤瓶、热滤漏斗、布氏漏斗、真空泵、试管、药匙。

试剂：HNO_3(2 mol/L)、$AgNO_3$(0.1 mol/L)；滤纸、冰。

三、实验原理

本实验是用复分解法来制备硝酸钾晶体，其反应为

$$NaNO_3 + KCl \xlongequal{} NaCl + KNO_3$$

该反应是可逆的，利用温度对产物 KNO_3、NaCl 溶解度影响的不同，将它们分离出来。如表 36-1 所示，四种盐在不同温度下的溶解度数据可以看出，NaCl 的溶解度随温度变化很小，而 KNO_3 的溶解度却随着温度的升高增加得非常快。如果将一定浓度的 $NaNO_3$ 和 KCl 混合液加热至沸腾后浓缩，由于 KNO_3 的溶解度增加很多，达不到饱和，不会析出晶体，而 NaCl 的溶解度增加很少，随着溶剂水的减少，NaCl 达到饱和而析出。通过热过滤除去 NaCl。将滤液冷却至 10 ℃以下，KNO_3 因溶解度急剧下降而大量析出，仅有少量的 NaCl 随 KNO_3 一起析出。将此 KNO_3 粗产品经重结晶提纯，即可得到较纯的 KNO_3 晶体。

表 36-1　KNO_3 等四种盐在不同温度下的溶解度　单位：g/100 g 水

盐	温度/℃								
	0	10	20	30	40	50	60	80	100
	溶解度								
$NaNO_3$	73	80	88	96	104	114	124	148	180

续表

盐	温度/℃								
	0	10	20	30	40	50	60	80	100
	溶解度								
NaCl	35.7	35.8	36.0	36.3	36.6	36.8	37.3	38.4	39.8
KNO_3	13.3	20.9	31.6	45.8	63.9	83.5	110.0	169	246
KCl	27.6	31.0	34.0	37.0	40.0	42.6	45.5	51.1	56.7

四、实验内容

1. 硝酸钾的制备

(1) 称取 17.0 g $NaNO_3$ 和 15.0 g KCl 于 100 mL 烧杯中，加入 50 mL 蒸馏水，加热至沸，使固体溶解，记下烧杯中液面的位置。

(2) 继续加热并不断搅动溶液，NaCl 逐渐析出，当体积减小到约为原来的 2/3 时，趁热用热滤漏斗过滤或减压过滤。滤液转移至小烧杯中，自然冷却，很快即有晶体析出。

(3) 将滤液冷至室温后再用冰水浴冷却至 10 ℃以下，用减压过滤法将 KNO_3 晶体尽量抽干。然后把晶体转移到已称重的表面皿中晾干后称重，计算 KNO_3 粗产品的产率。

2. 用重结晶法提纯硝酸钾

除保留少量(0.2 g)粗产品供纯度检验外，其他均放入 50 mL 烧杯中，按粗产品∶水＝1∶2(质量比)的比例加入蒸馏水。然后用小火加热，搅拌，待晶体全部溶解后停止加热(若溶液沸腾时晶体还未全部溶解，可再加极少量蒸馏水使其溶解)。将溶液冷至室温后，再用冰水浴冷却至 10 ℃以下，待大量晶体析出后抽滤，将晶体放在表面皿上晾干，称重，计算产率。

3. 产品纯度检验

分别取 0.2 g 粗产品和重结晶得到的产品放入两支小试管中，各加入 4 mL 蒸馏水使其溶解，然后分别加入 2 滴 2 mol/L 的 HNO_3，再加 2 滴 0.1 mol/L $AgNO_3$ 溶液，观察现象，并进行对比。

五、思考题

(1) 根据溶解度计算，本实验应有多少 NaCl 和 KNO_3 晶体析出(不考虑其他盐存在时对溶解度的影响)？

(2) 何谓重结晶？本实验涉及哪些基本操作？

(3) 若 KNO_3 中混有 KCl 或 $NaNO_3$ 时，应如何提纯？

实验三十七　$CuSO_4 \cdot 5H_2O$ 的制备与提纯

一、实验目的

了解以废铜和工业硫酸为主要原料制备 $CuSO_4 \cdot 5H_2O$ 的原理和方法。掌握灼烧、蒸发浓缩、结晶、减压过滤等基本操作。学习重结晶法提纯物质的原理和方法。

二、实验用品

仪器：电子天平、瓷坩埚、泥三角、坩埚钳、酒精喷灯、烧杯（100 mL）、量筒、真空泵、布氏漏斗、抽气管、吸滤瓶、蒸发皿、电炉、石棉网、三脚架。

试剂：3 mol/L H_2SO_4、3% H_2O_2、$CuCO_3$、6 mol/L $NH_3 \cdot H_2O$、1 mol/L KSCN、2 mol/L HCl、废铜粉；滤纸。

三、实验原理

$CuSO_4 \cdot 5H_2O$ 俗称蓝矾、胆矾或孔雀石，为蓝色透明三斜晶体，易溶于水，难溶于无水乙醇，在水中的溶解度如表 37-1 所示。

表 37-1　$CuSO_4 \cdot 5H_2O$ 在水中的溶解度　　单位：g/100 g 水

T/℃	0	20	40	60	80	100
溶解度	23.1	32.0	44.6	61.8	83.8	114

$CuSO_4 \cdot 5H_2O$ 在干燥空气中缓慢风化，加热至 218 ℃以上失去全部结晶水而成为白色无水 $CuSO_4$。无水 $CuSO_4$ 易吸水变蓝，利用此性质可检验某些液态有机物中微量的水。

$CuSO_4 \cdot 5H_2O$ 用途广泛，常用作棉及丝织品印染的媒染剂、农业杀虫剂、水的杀菌剂、木材防腐剂、铜的电镀等。同时，它还大量用于有色金属选矿（浮选）工业、船舶油漆工业及其他化工原料的制造。

1. $CuSO_4 \cdot 5H_2O$ 的制备

$CuSO_4 \cdot 5H_2O$ 的制备方法有多种，如电解液法、废铜法、氧化铜法、白冰铜法、二氧化硫法等。本实验以废铜和工业硫酸为主要原料制备 $CuSO_4 \cdot 5H_2O$，先将铜粉灼烧成氧化铜，再将氧化铜溶于硫酸而制得，反应式如下：

$$2Cu + O_2 \xrightarrow{\text{灼烧}} 2CuO(\text{黑色})$$

$$CuO + H_2SO_4 = CuSO_4 \cdot H_2O$$

2. 硫酸铜提纯

由于废铜及工业硫酸不纯，制得的溶液中除生成硫酸铜外，还含有不溶性杂质和可溶性杂质。不溶性杂质可通过过滤除去，可溶性杂质 Fe^{2+} 和 Fe^{3+}，先用氧化剂 H_2O_2 将 Fe^{2+} 氧化成 Fe^{3+}，然后调节溶液的 pH 值在 3.5～4 之间，使 Fe^{3+} 水解成为 $Fe(OH)_3$ 沉淀而除去，反应式如下：

$$2Fe^{2+} + H_2O_2 + 2H^+ = 2Fe^{3+} + 2H_2O$$

$$Fe^{3+} + 3H_2O = Fe(OH)_3 \downarrow + 3H^+$$

溶液的 pH 值越高，Fe^{3+} 沉淀越完全；但当 pH 值过高时，Cu^{2+} 会水解，特别是在加热的情况下，其水解程度更大。本实验应控制 pH 值约等于 3。

将除去杂质的 $CuSO_4$ 溶液进行蒸发、冷却和结晶，减压过滤后得到蓝色 $CuSO_4 \cdot 5H_2O$晶体。

3. 硫酸铜的纯度检验

将提纯后的样品溶于蒸馏水中，加入过量的氨水使 Cu^{2+} 生成深蓝色的 $[Cu(NH_3)_4]^{2+}$，Fe^{3+}形成 $Fe(OH)_3$ 沉淀。过滤后用 HCl 溶解 $Fe(OH)_3$，然后加 KSCN 溶液，Fe^{3+}越多，血红色越深。其反应式为

$$Fe^{3+} + 3NH_3 \cdot H_2O = Fe(OH)_3 \downarrow + 3NH_4^+$$

$$2Cu^{2+} + SO_4^{2-} + 2NH_3 \cdot H_2O = Cu_2(OH)_2SO_4(\text{浅蓝}) \downarrow + 2NH_4^+$$

$$Cu_2(OH)_2SO_4 + 2NH_4^+ + 6NH_3 \cdot H_2O = 2[Cu(NH_3)_4]^{2+}(\text{深蓝色}) + SO_4^{2-} + 8H_2O$$

$$Fe(OH)_3 + 3H^+ = Fe^{3+} + 3H_2O$$

$$Fe^{3+} + nSCN^- = [Fe(SCN)_n]^{3-n} (n = 1 \sim 6)$$

四、实验内容

1. CuO 的制备

准确称取 3.0 g 废铜粉，放入洁净的经充分灼烧干燥并冷却后的瓷坩埚中。将坩埚置于泥三角上，用酒精喷灯高温灼烧，并不断搅拌，直至 Cu 粉完全转化为黑色 CuO（约 20 min），停止加热，冷却。

2. 粗 $CuSO_4$ 溶液的制备

将冷却后的 CuO 倒入 100 mL 烧杯中，加入 20 mL 3 mol/L H_2SO_4，再加入 10 mL 蒸馏水，微热使其溶解。

3. $CuSO_4$ 溶液的精制

将粗 $CuSO_4$ 溶液加热，搅拌下滴加 2 mL 3% H_2O_2 溶液，使 Fe^{2+} 氧化成 Fe^{3+}，检验

溶液中是否还存在 Fe^{2+}（如何检验）。当 Fe^{2+} 完全氧化后，慢慢加入 $CuCO_3$ 粉末，并不断搅拌直至溶液 pH=3，再加热至沸（防止溶液溅出）趁热抽滤，滤液转移至洁净的蒸发皿中。

4. $CuSO_4 \cdot 5H_2O$ 晶体的制备

在精制的 $CuSO_4$ 溶液中，滴加 3 mol/L H_2SO_4 酸化，调节溶液 pH 值至 1～2，然后将蒸发皿小火加热，蒸发浓缩至液面出现晶膜时，即可停止加热。冷却至晶体析出，抽滤，用滤纸吸干晶体表面的水分。

5. 重结晶法提纯 $CuSO_4 \cdot 5H_2O$

按 $CuSO_4 \cdot 5H_2O$ ∶ H_2O=1 ∶ 1.2 的质量比，将 $CuSO_4 \cdot 5H_2O$ 溶于蒸馏水中，加热溶解，趁热抽滤。滤液转移至烧杯中，冷却至室温，待蓝色晶体析出后，抽滤，滤纸吸干水分后称重，计算产率。

6. $CuSO_4 \cdot 5H_2O$ 晶体中铜含量的测定

采用间接碘量法进行测定。

7. 产品检验

（1）称取 1 g 提纯后的 $CuSO_4 \cdot 5H_2O$ 晶体，放入烧杯中，加入 10 mL 蒸馏水溶解，依次加入 1 mL 3 mol/L H_2SO_4 和 2 mL 3% H_2O_2 溶液，煮沸。

（2）溶液冷却后，搅拌下加入 6 mol/L $NH_3 \cdot H_2O$，直至生成的浅蓝色沉淀完全溶解，溶液变为深蓝色为止，此时 Fe^{3+} 转化为 $Fe(OH)_3$ 沉淀。抽滤，用少量蒸馏水洗涤滤纸上的沉淀物，直至蓝色洗去为止。

（3）将 3 mL 2 mol/L 热 HCl 滴在滤纸上，使 $Fe(OH)_3$ 沉淀溶解。

（4）在滤液中滴入 2 滴 1 mol/L KSCN 溶液，观察溶液颜色变化及深浅程度。

（5）称取 1 g 分析纯 $CuSO_4 \cdot 5H_2O$ 晶体，重复步骤（1）～（4）的操作，比较两种溶液血红色的深浅，评定产品的纯度。

五、思考题

（1）在粗 $CuSO_4$ 溶液中 Fe^{2+} 杂质为什么要氧化为 Fe^{3+} 后再除去？为什么要调节溶液的 pH=3？pH 值太大或太小有何影响？

（2）为什么要在精制后的 $CuSO_4$ 溶液中调节 pH=1 使溶液呈强酸性？

（3）蒸发、浓缩、结晶时，为什么刚出现晶膜就要停止加热，而不能将溶液蒸干？

实验三十八　净水剂聚合硫酸铁的制备

一、实验目的

了解聚合硫酸铁的净水原理，掌握聚合硫酸铁的制备方法及主要性能的检测方法。

二、实验用品

仪器：烧杯(250 mL)、磁力搅拌器、恒温槽、比重计、酸度计、锥形瓶(250 mL)、滴定管。

试剂：$FeSO_4 \cdot 7H_2O$(96%)固体、$KClO_3$ 固体、浓 H_2SO_4(93%，d=1.830 g/mL)、2.5% $NaWO_4$、500 g/L KF、0.015 mol/L $K_2Cr_2O_7$ 标准溶液、0.01 mol/L $KMnO_4$ 标准溶液、0.1 mol/L NaOH 标准溶液、5 g/L 二苯胺磺酸钠、1%酚酞、$TiCl_4$(25 mL 15% $TiCl_3$，加入 20 mL 6 mol/L HCl，用水稀释至 100 mL)。

三、实验原理

聚合硫酸铁是一种无机高分子净水混凝剂，其化学通式为$[Fe_2(OH)_n(SO_4)_{3-\frac{n}{2}}]_m$，红褐色黏稠透明的液体。聚合硫酸铁中含$[Fe_2(OH)_3]^{3+}$、$[Fe_3(OH)_6]^{3+}$、$[Fe_8(OH)_{20}]^{4+}$等多种聚合态铁配合物，具有优良的凝聚性能，水解产物胶粒的电荷高，是一种有发展前途的净水混凝剂。

聚合硫酸铁以硫酸亚铁和硫酸为原料，也可用钛白粉厂或钢铁厂酸洗废液和废酸为原料，在一定条件下经氧化、水解、聚合而制得。其反应包括两个过程：Fe^{2+}氧化为Fe^{3+}，为放热过程；Fe^{3+}水解并聚合生成$[Fe_2(OH)_n(SO_4)_{3-n/2}]_m$，为吸热过程。其反应方程式为

$$6FeSO_4 + 3H_2SO_4 + KClO_3 = 3Fe_2(SO_4)_3 + KCl + 3H_2O$$

$$Fe_2(SO_4)_3 + nH_2O = Fe_2(OH)_n(SO_4)_{3-\frac{n}{2}} + \frac{n}{2}H_2SO_4$$

$$mFe_2(OH)_n(SO_4)_{3-\frac{n}{2}} = [Fe_2(OH)_n(SO_4)_{3-\frac{n}{2}}]_m$$

制备方法有直接氧化法和催化氧化法。直接氧化法常用的氧化剂有 $KClO_3$、H_2O_2、NaClO 等；催化氧化法的氧化剂是氧气或空气，需加催化剂 $NaNO_2$。

本实验采用 $KClO_3$ 为氧化剂的直接氧化法制备聚合硫酸铁。

四、实验内容

1. 制备

(1) 取 55.5 g $FeSO_4$、100 mL 蒸馏水于 250 mL 烧杯中，加入 3～4 mL 1 mol/L H_2SO_4（按 $n(FeSO_4):n(H_2SO_4)=1:0.3$），混合均匀。

(2) 称取 4.5 g $KClO_3$ 固体加入混合溶液中，开启磁力搅拌器，转速控制在 120 r/min，25 ℃下反应 2.5 h，得到红褐色黏稠液体。

(3) 将溶液倾入蒸发皿中，弃去沉淀，在电炉上蒸发浓缩，其间不断搅拌，当溶液变稠时，改用慢火加热，直至溶液非常黏稠搅拌困难为止。将半干的产品转移至已知质量的表面皿中，继续在 100 ℃下加热 45 min，使其完全干燥，即得灰黄色的聚合硫酸铁固体。

2. 检测

参照《水处理剂聚合硫酸铁》(GB/T 14591—2016)①分析方法进行主要指标的测定。

(1) 用比重计测定聚合硫酸铁液体的密度。

(2) 用 $K_2Cr_2O_7$ 法测定全铁含量。

(3) 用 $KMnO_4$ 法测定全铁含量。

(4) 盐基度的测定：在样品中加入定量盐酸溶液，再加入 KF 掩蔽铁，然后以酚酞为指示剂，用 KOH 标准溶液滴定。

(5) 用酸度计测定 1%聚合硫酸铁水溶液的 pH。

① **聚合硫酸铁的主要性能指标(GB/T 14591—2016)**

项目	密度(20 ℃)/(g/cm^3)	全铁的质量分数/(%)	还原性物质的质量分数/(%)(以 Fe^{2+} 计，液体)	盐基度/(%)	pH 值(10 g/L 水溶液)
指标	≥1.45	≥11.0	≤0.10	8.0～16.0	1.5～3.0

聚合硫酸铁质量好坏主要取决于总铁含量和盐基度。盐基度越高，说明聚合度越大，混凝效果也越好。而影响聚合硫酸铁的盐基度高低的主要因素是 H_2SO_4 用量及反应温度。

H_2SO_4 在聚合硫酸铁的合成过程中有两个作用：①作为反应的原料参与了聚合反应；②决定体系的酸度，其用量直接影响产品性能。但 H_2SO_4 用量太大，Fe^{2+} 氧化不完全，样品颜色由红褐色变为黄绿色，且大部分 Fe^{3+} 没有参与聚合，导致盐基度很低，合成失败；H_2SO_4 用量不足，量越少，生成 $Fe(OH)_3$ 趋势越大，即溶液中$[OH^-]$相对较大。

五、思考题

(1) 制备聚合硫酸铁常用的方法有哪些?

(2) 为什么可以用聚合硫酸铁作为水处理混凝剂? 还有哪些物质可用来净水? 其原理与聚合硫酸铁净水的原理是否一样?

实验三十九　硫代硫酸钠的制备

一、实验目的

学习亚硫酸钠法制备硫代硫酸钠的原理和方法。掌握蒸发、浓缩、结晶和减压过滤等基本操作。

二、实验用品

仪器：电子天平、电炉、烧杯(100 mL)、蒸发皿、抽气管、吸滤瓶、布氏漏斗、真空泵、锥形瓶(250 mL)、滴定管。

试剂：$Na_2S_2O_3$、硫黄粉、95%乙醇、活性炭、$AgNO_3$ 溶液(0.1 mol/L)、酚酞指示剂、I_2 标准溶液(0.1 mol/L)；滤纸。

三、实验原理

硫代硫酸钠($Na_2S_2O_3 \cdot 5H_2O$)俗称大苏打或海波，无色透明单斜晶体。硫代硫酸钠易溶于水，不溶于乙醇，具有较强的还原性和配位能力。硫代硫酸钠常用来定量测定碘，也可作脱氯剂、定影剂、解毒剂。$Na_2S_2O_3 \cdot 5H_2O$ 在水中的溶解度如表 39-1 所示。

表 39-1　$Na_2S_2O_3 \cdot 5H_2O$ 在水中溶解度　　单位：g/100 gH_2O

T/℃	0	10	20	25	35	45	75
溶解度	50.15	59.66	70.07	75.90	91.24	120.9	233.3

硫代硫酸钠的制备方法有很多，其中亚硫酸钠法是工业和实验室中最主要的制备方法。将硫黄粉与亚硫酸钠溶液直接加热反应，然后经过滤、浓缩、结晶，得到 $Na_2S_2O_3 \cdot 5H_2O$晶体：

$$Na_2SO_3 + S + 5H_2O = Na_2S_2O_3 \cdot 5H_2O$$

$Na_2S_2O_3 \cdot 5H_2O$ 在 33 ℃以上的干燥空气中风化，于 40～45 ℃熔化，48 ℃分解。

四、实验内容

1. 硫代硫酸钠的制备

取 1.5 g 硫黄粉于 100 mL 烧杯中，加 3 mL 乙醇(硫在乙醇中的溶解度较大)充分搅拌均匀后，加入 5.0 g Na_2SO_3 和 50 mL 蒸馏水，不断搅拌下，小火加热煮沸，至硫黄粉几乎全部反应(约 40 min，注意补充水)。

停止加热，待溶液稍冷后加 1 g 活性炭，加热煮沸 2 min。趁热过滤，滤液转移至蒸发皿中，小火蒸发浓缩至溶液呈微黄色浑浊（待滤液浓缩至刚有结晶开始析出时，浓缩过程中注意不能蒸发过度），冷却，结晶。减压过滤，晶体用乙醇洗涤，再用滤纸吸干（或在 40 ℃以下烘干），称重，计算产率。

2. 产品检验

1）定性鉴定

取少量 $Na_2S_2O_3 \cdot 5H_2O$ 晶体于试管中，蒸馏水溶解，加入 2 滴 0.1 mol/L $AgNO_3$ 溶液，观察生成的沉淀由白→黄→棕→黑的变化过程。

2）含量测定

准确称取 0.5 g $Na_2S_2O_3 \cdot 5H_2O$ 晶体，用少量蒸馏水溶解，加入 1～2 滴酚酞，如溶液无色，则加入少量 Na_2CO_3 使溶液呈微红色。以淀粉作指示剂，用 0.1 mol/L I_2 标准溶液进行滴定，滴至蓝色 30 s 内不褪色即为终点。记录消耗的 I_2 标准溶液的体积，计算产率。

五、思考题

（1）为什么硫代硫酸钠不能在高于 40 ℃的温度下干燥？

（2）写出产品检验的反应方程式。

实验四十　硫酸亚铁铵的制备

一、实验目的

了解复盐的特征和制备方法。练习水浴加热、溶解、常压过滤和减压过滤、蒸发浓缩、结晶等基本操作。练习根据化学反应及有关数据设计实验方案。了解用目视比色法检验产品中杂质含量的方法。

二、实验用品

仪器：电子天平、锥形瓶(250 mL)、蒸发皿、抽气管、吸滤瓶、布氏漏斗、真空泵、比色管(25 mL)、水浴锅、电炉。

试剂：铁粉、硫酸铵、六水合三氯化铁；H_2SO_4(3 mol/L)、HCl(2 mol/L)、KSCN 溶液(饱和)；滤纸。

三、实验原理

铁屑溶于稀硫酸可得硫酸亚铁溶液：

$$Fe + H_2SO_4 = FeSO_4 + H_2\uparrow$$

然后加入硫酸铵并使其全部溶解，加热浓缩所制得的混合液，冷至室温，便析出硫酸亚铁铵的晶体：

$$FeSO_4 + (NH_4)_2SO_4 + 6H_2O = FeSO_4 \cdot (NH_4)_2SO_4 \cdot 6H_2O$$

硫酸亚铁铵又称摩尔盐，是浅蓝绿色单斜晶体，溶于水，但难溶于乙醇。它比硫酸亚铁稳定，在空气中不易被氧化，所以在定量分析中可作为基准物质用来直接配制标准溶液或标定未知溶液的浓度。

一般亚铁盐在空气中都易被氧化，但形成复盐后却比较稳定，不易被氧化。

在制备过程中，酸度不够，Fe^{2+}氧化和水解，生成副产物碱式硫酸铁$2[Fe(OH)_2]_2SO_4$棕黄色：

$$4Fe^{2+} + 2SO_4^{2-} + O_2 + 6H_2O = 2[Fe(OH)_2]_2SO_4 + 4H^+$$

加热温度过高时，会生成杂质 $FeSO_4 \cdot 2H_2O$(白色)。

从硫酸铵、硫酸亚铁和硫酸亚铁铵在水中的溶解度数据(见表 40-1)可知，在一定温度范围内 $FeSO_4 \cdot (NH_4)_2SO_4 \cdot 6H_2O$ 的溶解度比组成它的每一组分($FeSO_4$ 和 $(NH_4)_2SO_4$)的溶解度都小。因此，很容易从硫酸亚铁和硫酸铵混合溶液制得并结晶出

摩尔盐 $FeSO_4 \cdot (NH_4)_2SO_4 \cdot 6H_2O$。

表 40-1 几种盐的溶解度 单位：g/(100 g H_2O)

盐	温度/℃						
	0	10	20	30	40	50	60
$FeSO_4 \cdot 7H_2O$	28.6	37.5	48.5	60.2	73.6	88.9	100.7
$(NH_4)_2SO_4$	70.6	73.0	75.4	78.0	81.0	—	88.0
$FeSO_4 \cdot (NH_4)_2SO_4 \cdot 6H_2O$	12.5	17.2	21.6	28.1	33.0	40.0	—

目视比色法是确定化工产品杂质含量的常用的方法，根据杂质含量就能确定产品的级别。硫酸亚铁铵产品的主要杂质是 Fe^{3+}。Fe^{3+} 可与硫氰化钾形成血红色配离子 $[Fe(SCN)_n]^{3-n}$。将产品配成溶液，与各标准溶液进行比色。如果产品溶液的颜色比某一标准溶液的颜色浅，就可以确定杂质含量低于该标准溶液中的含量，即低于某一规定的限度，所以这种方法又称为限量分析。本实验仅做摩尔盐中 Fe^{3+} 的限量分析。

四、实验内容

1. 硫酸亚铁的制备

称取 2.0 g 铁粉（机械加工过程得到的铁屑表面沾有油污，可用碱煮，如用质量分数 10%的 Na_2CO_3 溶液煮沸 10 min 的方法除去。）到锥形瓶中，加入 25 mL 3 mol/L H_2SO_4 溶液，60 ℃水浴加热（在铁屑与硫酸作用的过程中，会产生大量氢气及少量有毒气体，如 H_2S、PH_3、AsH_3 等，应注意在通风橱中进行），使铁屑与稀硫酸反应至基本不再冒出气泡为止（约需 20 min，pH 值为 1～2）。趁热减压过滤（防止 $FeSO_4$ 结晶析出），用少量热水洗涤锥形瓶及滤纸上的残渣，抽干。滤液转移至洁净的蒸发皿中。

2. 硫酸亚铁铵的制备

根据 $FeSO_4$ 的理论产量，按 $FeSO_4$ 与 $(NH_4)_2SO_4$ 摩尔比为 1∶0.80，称取 4.3 g $(NH_4)_2SO_4$ 固体，放在盛有 $FeSO_4$ 溶液的蒸发皿中，并用 3 mol/L H_2SO_4 溶液调节 pH 值为 1～2，蒸发浓缩至溶液表面刚出现结晶薄膜时为止（蒸发过程不宜搅动）。静置、缓慢冷却，硫酸亚铁铵晶体析出。抽滤，用少量的乙醇冲洗晶体，抽干。将晶体取出，置于两张干净的滤纸之间，轻压吸干，称重。计算理论产量和产率。

3. 产品检验

1) Fe^{3+} 标准溶液的配制

往三支 25 mL 的比色管中均加入 2.00 mL 2.0 mol/L HCl 溶液和 1.00 mL 饱和 KSCN 溶液。再用移液管分别加入 1.00 mL、2.00 mL、4.00 mL 标准 0.05 mg/mL Fe^{3+} 溶液（六水合三氯化铁配制），最后用含氧较少的去离子水（将蒸馏水小火煮沸约

10 min，即可驱除所溶解的氧，盖好冷却后备用）稀释至刻度，制成含 Fe^{3+} 量不同的标准溶液：含 Fe^{3+} 0.05 mg，符合一级标准；含 Fe^{3+} 0.10 mg，符合二级标准；含 Fe^{3+} 0.20 mg，符合三级标准。

2）Fe^{3+} 分析

称取 1.0 g 产品，置于 25 mL 比色管中，加入 15 mL 含氧较少的去离子水，再加入 2 mL 2 mol/L HCl 溶液和 1 mL 饱和 KSCN 溶液，用含氧较少的去离子水稀释至刻度。进行 Fe^{3+} 的限量分析，以确定产品等级。

五、思考题

（1）复盐有何特点？复盐与简单盐有何区别？

（2）铁屑与稀硫酸反应，哪种反应物需过量？

（3）铁屑与稀硫酸反应及硫酸亚铁和硫酸铵反应均需用水浴加热，两次加热的目的有何不同？

（4）浓缩硫酸亚铁铵溶液时，能否浓缩至干？为什么？

（5）抽滤得到硫酸亚铁铵晶体后，如何除去晶体表面上吸附着的水？

（6）怎样计算硫酸亚铁铵的产率？是根据铁的用量还是硫酸铵的用量？铁的用量过多对硫酸亚铁铵的制备有何影响？

附注：

Fe^{3+} 标准溶液的配制。

先配制 0.01 mg/mL 的 Fe^{3+} 标准溶液，然后用移液管吸取该标准溶液 5.00 mL、10.00 mL 和 20.00 mL 分别放入 3 支 25 mL 比色管中，各加入 2.00 mL（2.0 mol/L）HCl 溶液和 0.50 mL（1.0 mol/L）KSCN 溶液。用备用的含氧较少的去离子水将溶液稀释到刻度，摇匀得到 25 mL 溶液中含 Fe^{3+} 0.05 mg、0.10 mg 和 0.20 mg 三个级别 Fe^{3+} 标准溶液，它们分别为Ⅰ级、Ⅱ级和Ⅲ级试剂中的 Fe^{3+} 的最高允许含量。

用上述相似的方法配制 25 mL 含 1.00 g 摩尔盐的溶液，若溶液颜色与Ⅰ级试剂的标准溶液的颜色相同或略浅，便可确定为Ⅰ级产品，其中

$$w(Fe^{3+})\text{的质量分数}=\frac{0.05\times10^{-3}}{1.00}\times100\%=0.005\%$$

Ⅱ级和Ⅲ级产品依此类推。

实验四十一　三草酸合铁(Ⅲ)酸钾的制备

一、实验目的

了解三草酸合铁(Ⅲ)酸钾的制备方法和性质。用化学平衡原理指导配合物的制备。掌握水溶液中制备无机物的一般方法。继续练习溶解、沉淀、过滤(常压、减压)、浓缩、蒸发结晶等基本操作。

二、实验用品

仪器:烧杯(50 mL、100 mL)、量筒、漏斗、抽气管、吸滤瓶、布氏漏斗、真空泵、蒸发皿、试管、表面皿。

试剂:摩尔盐、氢氧化钾、草酸;H_2O_2(30%),$K_2C_2O_4$(饱和溶液),乙醇(95%),氨水(6 mol/L),$AgSO_4$(0.1 mol/L),NH_4CNS(0.1 mol/L),$BaCl_2$(0.1 mol/L),H_2SO_4(1 mol/L),$H_2C_2O_4$(饱和溶液);滤纸。

三、实验原理

本制备实验是以铁(Ⅲ)为起始原料,通过沉淀、氧化还原、配位反应等过程,制得三草酸合铁(Ⅲ)酸钾 $K_3[Fe(C_2O_4)_3]\cdot 3H_2O$ 配合物。其主要反应为

$$FeSO_4\cdot(NH_4)_2SO_4\cdot 6H_2O+H_2C_2O_4 = FeC_2O_4\cdot 2H_2O\downarrow+(NH_4)_2SO_4+H_2SO_4+4H_2O$$

$$2FeC_2O_4\cdot 2H_2O+H_2O_2+H_2C_2O_4+3K_2C_2O_4 = 2K_3[Fe(C_2O_4)_3]\cdot 3H_2O$$

加入乙醇后,便析出三草酸合铁(Ⅲ)酸钾晶体。

三草酸合铁(Ⅲ)酸钾为翠绿色单斜晶体,易溶于水(0 ℃时,4.7 g/100 g 水;100 ℃时,117.7 g/100 g 水),难溶于乙醇等有机溶剂,极易感光,室温下光照变黄色,进行下列光化学反应:

$$2[Fe(C_2O_4)_3]^{3-} = 2FeC_2O_4+3C_2O_4^{2-}+2CO_2\uparrow$$

它在日光直射或强光下分解生成的草酸亚铁遇六氰合铁(Ⅲ)酸钾生成滕氏蓝,反应为

$$3FeC_2O_4+2K_3[Fe(CN)_6] = Fe_3[Fe(CN)_6]_2\downarrow+3K_2C_2O_4$$

因此,在实验室中可做成感光纸,进行感光实验。另外,由于它具有光化学活性,能定量进行光化学反应,常用作化学光量计。

三草酸合铁(Ⅲ)配离子是比较稳定的,有

$$K_{稳}=1.58\times 10^{20}$$

四、实验内容

1. 草酸合铁(Ⅲ)酸钾的制备

1）草酸亚铁的制备

称 5 g 摩尔盐(或 3 g 氯化亚铁或硫酸亚铁)于 100 mL 烧杯中，加入 15 mL 蒸馏水和几滴 1 mol/L H_2SO_4 溶液，加热溶解后，再加入 25 mL 饱和 $H_2C_2O_4$ 溶液，加热至沸，搅拌片刻，停止加热，静置。待黄色晶体 $FeC_2O_4 \cdot 2H_2O$ 沉降后倾析弃去上层清液，加入 20～30 mL 蒸馏水，搅拌并温热，静置，弃去上层清液。

2）草酸合铁(Ⅲ)酸钾的制备

在 $FeC_2O_4 \cdot 2H_2O$ 晶体中，加入 10 mL 饱和 $K_2C_2O_4$ 溶液，在水浴上加热至 40 ℃，用滴管慢慢加入 20 mL 3％过氧化氢，在 40 ℃恒温的条件下进行搅拌。再将溶液加热至沸，分两次加入 8 mL 饱和 $H_2C_2O_4$ 溶液(溶液变绿色)，趁热过滤。滤液中加入 10 mL 95％乙醇，温热溶液，使析出的晶体再溶解，将溶液在避光的条件下过夜。先用少量水洗涤晶体，再用少量 95％乙醇洗，用滤纸吸干，计算产率。

2. 草酸合铁(Ⅲ)酸钾的性质

(1) 将少许产品放在表面皿上，在日光下观察晶体颜色变化，与放在暗处的晶体比较。

(2) 制感光纸：按三草酸合铁(Ⅲ)酸钾 0.3 g，铁氰化钾 0.4 g，加水 5 mL 的比例配成溶液，涂在纸上即成感光纸(黄色)。附上图案，在日光下直射数秒钟，曝光部分呈深蓝色，被遮盖的部分即显影出图案来。

(3) 配感光液：取 0.3～0.5 g 三草酸合铁(Ⅲ)酸钾，加水 15 mL 配成溶液，用滤纸条做成感光纸。同上操作，曝光后去掉图案，用约 3.5％铁氰化钾溶液润洗或漂洗即显影出图案来。

五、思考题

(1) 为什么在此制备中用过氧化氢作氧化剂，用氨水作沉淀剂？能否用其他氧化剂或沉淀剂，为什么？

(2) 为什么制氢氧化铁沉淀时必须洗涤多次？如不洗涤对产品有何影响？

(3) 为什么在此制备中要经过转化为氢氧化铁步骤，能否不经氢氧化铁一步，直接转化？

(4) 滤液在水浴上浓缩时，能否用蒸干溶液的方法来提高产率？为什么？

(5) 此制备需避光、干燥，所得成品也要放在暗处。如何证明你所制得的产品不是单盐而是配合物？

(6) 写出各步实验现象和反应方程式，并根据摩尔盐的量计算产量和产率。

(7) 现有硫酸铁、氯化钡、草酸钠、草酸钾四种物质为原料，如何制备三草酸合铁(Ⅲ)酸钾？试设计方案并写出各步反应式。

附注：

(1) 若浓缩的绿色溶液带褐色，是由于含有氢氧化铁沉淀，应趁热过滤除去。

(2) 三草酸合铁(Ⅲ)酸钾见光变黄色是因为生成草酸亚铁与碱式草酸铁的混合物。

(3) 草酸合铁(Ⅲ)酸钾制备：称 6 g 草酸钾加 15～20 mL 水到 50 mL 烧杯中，加热溶解，边搅拌边加 3 g 六水合三氯化铁固体，溶液在冷水中冷却，减压过滤得粗产品。粗产品溶解在 15 mL 热水中，冰水冷却减压过滤，产品滤纸吸干，称重。

实验四十二　二草酸根合铜(Ⅱ)酸钾的制备

一、实验目的

掌握制备二草酸根合铜(Ⅱ)酸钾的原理和操作方法。

二、实验用品

仪器：烧杯(100 mL)、抽气管、吸滤瓶、布氏漏斗、真空泵、电炉、电子天平、锥形瓶(250 mL)、滴定管。

试剂：$CuSO_4 \cdot 5H_2O$、$H_2C_2O_4 \cdot 2H_2O$、K_2CO_3；NaOH(2 mol/L)、HCl(2 mol/L)、$KMnO_4$(0.01 mol/L)、H_2SO_4(3 mol/L)、PAR 指示剂，滤纸。

三、实验原理

二草酸合铜(Ⅱ)酸钾为铜钾络合物，呈纯蓝色针状或絮状沉淀，干燥品为微粒状。它微溶于水，水溶液呈蓝色，在水中易分解出草酸铜沉淀，干燥时较为稳定，加热时分解。它是一种工业用的化工原料。

本制备实验是以铜(Ⅱ)为起始原料，通过沉淀、氧化还原、配位反应等过程，制得蓝色的二草酸根合铜 $K_2[Cu(C_2O_4)_2] \cdot 2H_2O$ 晶体。其主要反应为

$$CuSO_4 + 2NaOH = Cu(OH)_2 + Na_2SO_4$$

$$Cu(OH)_2 = CuO + H_2O$$

$$2H_2C_2O_4 + K_2CO_3 = 2KHC_2O_4 + CO_2 + H_2O$$

$$2KHC_2O_4 + CuO = K_2[Cu(C_2O_4)_2] \cdot H_2O$$

将 PAR 指示剂，在 pH＝6.5～7.5 的条件下加热近沸，并趁热用 EDTA 滴定至绿色为终点，以测定晶体中的 Cu^{2+}。

四、实验步骤

1. 制备氧化剂

将已称好的 2 g$CuSO_4 \cdot 5H_2O$ 转入 100 mL 烧杯中，加入约 40 mL 水溶解，在搅拌下加入 10 mL 2 mol/L NaOH 溶液，小火加热至沉淀变黑(生成 CuO)，煮沸约 10 min。稍冷后以双层滤纸过滤，用少量去离子水洗涤沉淀两次。

2. 制备草酸氢钾

称取 3.0 g $H_2C_2O_4 \cdot 2H_2O$ 放入 100 mL 烧杯中，加入 40 mL 去离子水，微热(温度

不能超过 85 ℃)溶解。稍冷后分数次加入 2.2 g 无水 K_2CO_3，溶解后生成 KHC_2O_4 和 $K_2C_2O_4$ 混合溶液。

3. 制备二草酸根合铜(Ⅱ)酸钾

将含 KHC_2O_4 和 $K_2C_2O_4$ 混合溶液水浴加热，再将 CuO 连同滤纸一起加入该溶液中，水浴加热，充分反应约 30 min。趁热过滤(若透滤应重新过滤)，用少量沸水洗涤两次，将滤液转入蒸发皿中。水浴加热将滤液浓缩到约原体积的二分之一。放置约 10 min 后用自来水彻底冷却。待大量晶体析出后抽滤，晶体用滤纸吸干。将产品放在蒸发皿中，蒸汽浴加热进行干燥，称重。记录下产品的外观及产品的产率。

4. 产物的组成分析

(1) 准确称取 1.0000 g 样品加 5 mL $NH_3 \cdot H_2O$ 溶解，再加 10 mL 水，转移至 250 mL 容量瓶中，定容。

(2) Cu^{2+} 含量的测定。

取试样溶液 25 mL 加 2 mol/L HCl 1 mL、4 滴 PAR、10 mL pH=7 的缓冲溶液，加热至沸，趁热用 0.02 mol/L 的 EDTA 溶液滴定至黄绿色，30 s 不褪色为终点，记下消耗 EDTA 溶液的体积。做三次平行实验。

(3) $C_2O_4^{2-}$ 含量的测定。

取试样溶液 25 mL 置于 250 mL 容量瓶中，加入 10 mL 3 mol/L 的 H_2SO_4 溶液，75～85 ℃水浴加热 3～4 min。趁热用 0.01 mol/L 的 $KMnO_4$ 溶液滴定至淡粉色，30 s 不褪色为终点，记下消耗 $KMnO_4$ 溶液的体积。做三次平行实验。

五、思考题

(1) $H_2C_2O_4 \cdot 2H_2O$ 加去离子水溶解，温度为什么不能超过 85 ℃?

(2) 以 PAR 指示剂滴定终点前后颜色如何变化?

(3) 测定 Cu^{2+} 含量时，为什么要求 pH=7?

实验四十三　碱式碳酸铜的制备

一、实验目的

通过研究反应物的合理配料比确定制备反应适合的温度条件。培养独立设计实验的能力。学习测定碱式碳酸铜的组成方法。

二、实验用品

仪器：试管及试管架、烧杯(250 mL)、锥形瓶(250 mL)、滴定管、抽气管、吸滤瓶、布氏漏斗、真空泵、恒温水浴槽、表面皿、电子天平。

试剂：$CuSO_4.5H_2O$、$Na_2CO_3 \cdot 10H_2O$、$Na_2S_2O_3$、淀粉、KI；$CuSO_4$(0.5 mol/L)、Na_2CO_3(0.5 mol/L)。

三、实验原理

碱式碳酸铜为天然孔雀石的主要成分，呈暗绿色或淡蓝绿色，加热至 200 ℃即分解，在水中的溶解度很小，新制备的试样在沸水中很易分解。其化学反应方程式为

$$2CuSO_4+2Na_2CO_3+H_2O \xlongequal{} Cu_2(OH)_2CO_3+2Na_2SO_4+CO_2$$

因反应产物与温度、溶液的酸碱性等有关，因而同时可能有蓝绿色的 $2CuCO_3 \cdot Cu(OH)_2$、$2CuCO_3 \cdot 3Cu(OH)_2$ 和 $2CuCO_3 \cdot 5Cu(OH)_2$ 等生成，使晶体带有蓝色。

重量分析法是以质量为测量值的分析方法。通过测定碱式碳酸铜在灼烧后转换为氧化铜的质量，计算碱式碳酸铜中碳酸铜和氢氧化铜的含量，求出组成系数 m 与 n 的比值：

$$mCu(OH)_2 \cdot nCuCO_3=(m+n)CuO+mH_2O+nCO_2$$

热重分析法是将样品的热重和差热分析在静态空气热分析仪上进行，测得 TG-DTA 曲线图，求出完全分解的温度和失重率。

四、实验内容

1. $CuSO_4$ 和 Na_2CO_3 溶液的合适配比

置于四支试管内均加入 2.0 mL 0.5 mol/L $CuSO_4$ 溶液，再分别取 0.5 mol/L Na_2CO_3 溶液 1.6 mL、2.0 mL、2.4 mL 及 2.8 mL 依次加入另外四支编号的试管中。将八支试管放在 75 ℃水浴中。几分钟后，依次将 $CuSO_4$ 溶液分别倒入中，振荡试管，

比较各试管中沉淀生成的速度、沉淀的数量及颜色，从中得出两种反应物溶液以何种比例混合为最佳。

2. 反应温度的探求

在三支试管中，各加入 2.0 mL 0.5 mol/mL $CuSO_4$ 溶液，另取三支试管，各加入由上述实验得到的合适用量的 0.5 mol/L Na_2CO_3 溶液。从这两列试管中各取一支，将它们分别置于室温、50 ℃、100 ℃的恒温水浴中，数分钟后将 $CuSO_4$ 溶液倒入 Na_2CO_3 溶液中，振荡并观察现象，由实验结果确定制备反应的合适温度。

3. 碱式碳酸铜的准备

取 10 mL 0.5 mol/L $CuSO_4$ 溶液，根据上面实验确定的反应物合适比例及适宜温度制取碱式碳酸铜。待沉淀完全后，用蒸馏水洗涤沉淀数次，直到沉淀中不含 SO_4^{2-} 为止，吸干。将所得产品在烘箱中于 100 ℃烘干，待冷至室温后称量，并计算产物。

4. 产物的组成分析

(1) 在室温条件下，称取 0.5 g 碱式碳酸铜样品到锥形瓶中，加 20 mL 纯水溶解，然后加入 2 滴淀粉液作为待测液，用已知浓度的 KI 溶液滴定该反应直至反应终点，然后用 $Na_2S_2O_3$ 标准溶液滴定析出的碘。计算 Cu^{2+} 的含量，算出纯的碱式碳酸铜的理论值，并与实际值比较。

(2) 重量分析法测定。取 3 个洁净的带盖的坩埚，置于马弗炉中 500 ℃下灼烧约 1 h，冷却后称量，继续置于马弗炉中灼烧约 1 h 后称重，直至前后 2 次重量的差值不大于 0.2 mg。分别向 3 个坩埚中加入准确称量的碱式碳酸铜，置于马弗炉中在 500 ℃下灼烧约 2 h 直至恒重，冷却后分别对残留物进行称重，数据填入表 43-1 中，并计算 $m:n$ 值。

表 43-1　重量分析法测定碱式碳酸铜样品结果

样　　品	样品质量(m)/g	残留物质量(n)/g	失重率(w)/%
1			
2			
3			

(3) 热重分析法检测。将 10 mg 碱式碳酸铜在静态空气中以 15 ℃/min 速率，从室温升温至 600 ℃时测得 TG-DTA 曲线图，求出完全分解的温度和失重率。

五、思考题

(1) 各试管中沉淀的颜色为何会有差别？估计何种颜色产物的碱式碳酸含量最高？

(2) 若将 Na_2CO_3 溶液倒入 $CuSO_4$ 溶液，其结果是否会有所影响？

(3) 反应温度对本实验有何影响？反应在何种温度下进行会出现褐色产物？这种

褐色物质是什么？

(4) 碱式碳酸铜的组成的测定方法有哪些？

附注：

碱式碳酸铜的制备：称取 14 g $CuSO_4 \cdot 5H_2O$ 和 16 g $Na_2CO_3 \cdot 10H_2O$，用研钵分别研细后再混合研磨，很快成为“粘胶状”。将混合物迅速投入 200 mL 沸水中，快速搅拌并撤离热源，有蓝绿色沉淀产生。抽滤，用水洗涤沉淀，直至滤液中不含 SO_4^{2-} 为止。取出沉淀，风干，得到蓝绿色晶体。

实验四十四　过碳酸钠($2Na_2CO_3 \cdot 3H_2O_2$)的制备

一、实验目的

利用过氧化氢和碳酸钠为原料，湿法制备过碳酸钠。采用盐析法和醇析法提高过碳酸钠的产率。

二、实验用品

仪器：电子天平、锥形瓶(250 mL)、滴定管、抽气管、吸滤瓶、布氏漏斗、真空泵、数字显示烘箱、可见分光光度计。

试剂：无水 Na_2CO_3、$MgSO_4 \cdot 7H_2O$、$Na_2SiO_3 \cdot 9H_2O$、氯化钠、冰；30% H_2O_2、无水乙醇，H_2SO_4(2 mol/L)、HCl(1∶1)溶液、$KMnO_4$ 标准溶液、10% $NH_3 \cdot H_2O$、10%盐酸羟胺溶液、HAc-NaAc 缓冲溶液(pH＝4.5)、0.2%邻菲罗林溶液。

三、实验原理

过碳酸钠是由碳酸钠、过氧化氢和水三组分体系利用氢键所形成的不稳定的复合物。由于过碳酸钠在高温下容易分解，所以反应必须在低温下进行。主要原料和产品的物理性质如表 44-1 所示。

表 44-1　主要原料和产品的物理性质

名称	分子式	分子量	熔点/℃	沸点/℃	密度/(g/cm^3)	溶解度(0 ℃)	溶解度(20 ℃)
过氧化氢	H_2O_2	34.01	2(无水)	158(无水)	1.46(无水)	—	—
碳酸钠	Na_2CO_3	105.99	851	—	2.532	7.0 g	21.5 g
过碳酸钠	$2Na_2CO_3 \cdot 3H_2O_2$	314.02	50(开始分解)	—	0.9～1.2	12.0 g(5 ℃)	14.0 g
氯化钠	NaCl	58.5	801	1413	2.165	35.6 g	36.0 g

本实验采用湿法制备 $2Na_2CO_3 \cdot 3H_2O_2$，即

$$2Na_2CO_3 + 3H_2O_2 = 2Na_2CO_3 \cdot 3H_2O_2$$

副反应：

$$2H_2O_2 = 2H_2O + O_2\uparrow$$

$$2Na_2CO_3 + 2H_2O_2 = 2Na_2CO_3 + 2H_2O + O_2\uparrow$$

过碳酸钠不稳定，重金属离子或其他杂质污染，高温，高湿等因素都易使其分解，从而降低过碳酸钠活性氧的含量。其分解反应式为

$$2Na_2CO_3 \cdot 3H_2O_2 = 2Na_2CO_3 \cdot 3H_2O + \frac{3}{2}O_2 \uparrow$$

$$2Na_2CO_3 \cdot 3H_2O = 2Na_2CO_3 + 3H_2O$$

活性氧含量的测定原理：

$$2KMnO_4 + 3H_2SO_4 + 5H_2O_2 = MnSO_4 + K_2SO_4 + 5O_2 \uparrow + 8H_2O$$

$$H_2O_2\% = \frac{\frac{5}{2}C_{KMnO_4} \times V_{KMnO_4} \times M_{H_2O_2}}{m_{样品}} \times 100\%$$

四、实验内容

1. 产品Ⅰ的制备

(1) 配制反应液A：称取0.15 g硫酸镁于烧杯中，加入25 mL 30%过氧化氢搅拌至溶解。

(2) 配制反应液B：称取0.15 g硅酸钠和15 g无水碳酸钠于烧杯中，分批加入适量的去离子水中，搅拌至溶解。

(3) 将反应液A分批加入盛有反应液B的烧杯中。磁力搅拌反应，控制温度在30 ℃以下，加完后继续搅拌5 min。

(4) 在冰水浴中将反应物温度冷却至0～5 ℃的范围内。

(5) 反应物转移至布氏漏斗，抽滤至干；滤液定量转移至量筒，记录体积。

(6) 产品用适量无水乙醇洗涤2至3次，抽滤至干。

(7) 产品转移至表面皿中，放入烘箱，50 ℃干燥60 min。

(8) 冷却至室温，即得产品Ⅰ，称量(精确至0.01 g)记录数据，并计算产率。

2. 产品Ⅱ的制备

(1) 用量筒将滤液平均分成两部分(如有沉淀需搅拌混合均匀)，分别放入两个烧杯中。

(2) 在一个盛有滤液的烧杯中加入5.0 g NaCl固体，磁力搅拌5 min(如有需要可添加少许去离子水)。

(3) 随后操作参照产品Ⅰ的制备(从步骤(4)开始)，可得产品Ⅱ，称量(精确至0.01 g)记录数据。

3. 产品Ⅲ的制备

(1) 在另一个盛有滤液的烧杯中，加入10 mL无水乙醇，磁力搅拌5 min(如有需要可添加少许去离子水)。

(2) 随后操作参照产品Ⅰ的制备(从步骤(4)开始),可得产品Ⅲ,称量(精确至0.01 g)记录数据。

4. 计算过碳酸钠(产品Ⅰ、Ⅱ和Ⅲ)的总产率

略。

5. 产物的组成分析

1) 活性氧含量的测定

准确称量产品(Ⅰ、Ⅱ和Ⅲ)0.1000～0.2200 g,放入250 mL锥形瓶中,加入25 mL水、10 mL 2 mol/L H_2SO_4。用0.02 mol/L $KMnO_4$标准溶液滴定至粉红色(30 s内不消失即为终点),记录$KMnO_4$溶液消耗的体积。每个产品测定三个平行样品,计算产品活性氧的含量。

2) 铁含量的测定

准确称取0.2000～0.2200 g产品Ⅰ,置于小烧杯中,用10 mL去离子水润湿,加2 mL HCl(1∶1)至样品完全溶解。加去离子水约10 mL,用10%氨水调节溶液的pH值为2～2.5。混合溶液定量转移至100 mL的容量瓶中,加1 mL 10%的盐酸羟胺溶液,摇匀;放置5 min后,再加1 mL 0.2%邻菲罗啉溶液和10 mL HAc-NaAc缓冲溶液(pH=4.5)后,稀释至刻度,放置30 min,待测。

将一空白试样设为参照溶液,在510 nm波长处,用1 cm的比色皿测定试液的吸光度,记录数据。对照标准曲线即可算的样品铁的含量。

3) 热稳定性的检测

准确称取0.3000～0.3500 g产品Ⅰ于表面皿上。放入烘箱,100 ℃加热60 min。冷却至室温,称量(精确0.0001)记录数据。根据加热前后质量的变化,结合产品Ⅰ的活性氧的测定结果对产品的热稳定性进行讨论。

五、思考题

(1) 在制备过碳酸钠时,加入硫酸镁和硅酸钠的作用是什么?

(2) 要得到高产率和活性氧的过碳酸钠产品的关键因素有哪些?

第三部分　附　　录

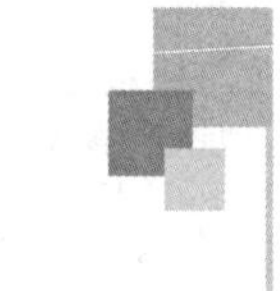

附录1　元素的相对原子质量(按原子序数排列)

原子序数	名称	符号	相对原子质量	原子序数	名称	符号	相对原子质量
1	氢	H	1.00794	28	镍	Ni	58.6934
2	氦	He	4.002602	29	铜	Cu	63.546
3	锂	Li	6.941	30	锌	Zn	65.39
4	铍	Be	9.012182	31	镓	Ga	69.723
5	硼	B	10.811	32	锗	Ge	72.61
6	碳	C	12.0107	33	砷	As	74.92160
7	氮	N	14.00674	34	硒	Se	78.96
8	氧	O	15.9994	35	溴	Br	79.904
9	氟	F	18.9984032	36	氪	Kr	83.80
10	氖	Ne	20.1797	37	铷	Rb	85.4678
11	钠	Na	22.989770	38	锶	Sr	87.62
12	镁	Mg	24.3050	39	钇	Y	88.90585
13	铝	Al	26.981538	40	锆	Zr	91.224
14	硅	Si	28.0855	41	铌	Nb	92.90638
15	磷	P	30.973761	42	钼	Mo	95.94
16	硫	S	32.066	43	锝	Tc	(98)
17	氯	Cl	35.4527	44	钌	Ru	101.07
18	氩	Ar	39.948	45	铑	Rh	102.90550
19	钾	K	39.0983	46	钯	Pa	106.42
20	钙	Ca	40.078	47	银	Ag	107.8682
21	钪	Sc	44.955910	48	镉	Cd	112.411
22	钛	Ti	47.867	49	铟	In	114.818
23	钒	V	50.9415	50	锡	Sn	118.710
24	铬	Cr	51.9961	51	锑	Sb	121.760
25	锰	Mn	54.938049	52	碲	Te	127.60
26	铁	Fe	55.845	53	碘	I	126.90447
27	钴	Co	58.933200	54	氙	Xe	131.29

续表

原子序数	名称	符号	相对原子质量	原子序数	名称	符号	相对原子质量
55	铯	Cs	132.90545	83	铋	Bi	208.98038
56	钡	Ba	137.327	84	钋	Po	(209)
57	镧	La	138.9055	85	砹	At	(210)
58	铈	Ce	140.116	86	氡	Rn	(222)
59	镨	Pr	140.90765	87	钫	Fr	(223)
60	钕	Nd	144.24	88	镭	Ra	(226)
61	钷	Pm	(145)	89	锕	Ac	(227)
62	钐	Sm	150.36	90	钍	Th	232.0381
63	铕	Eu	151.964	91	镤	Pa	231.03588
64	钆	Gd	157.25	92	铀	U	238.0289
65	铽	Tb	158.92534	93	镎	Np	(237)
66	镝	Dy	162.50	94	钚	Pu	(244)
67	钬	Ho	164.93032	95	镅	Am	(244)
68	铒	Er	167.26	96	锔	Cm	(247)
69	铥	Tm	168.93421	97	锫	Bk	(247)
70	镱	Yb	173.04	98	锎	Cf	(251)
71	镥	Lu	174.967	99	锿	Es	(252)
72	铪	Hf	178.49	100	镄	Fm	(257)
73	钽	Ta	180.9479	101	钔	Md	(258)
74	钨	W	183.84	102	锘	No	(259)
75	铼	Re	186.207	103	铹	Lr	(260)
76	锇	Os	190.23	104	𬬻	Rf	(261)
77	铱	Ir	192.217	105	𬭊	Db	(262)
78	铂	Pt	195.078	106	𬭳	Sg	(263)
79	金	Au	196.96655	107	𬭛	Bh	(264)
80	汞	Hg	200.59	108	𬭶	Hs	(265)
81	铊	TI	204.3833	109	鿏	Mt	(266)
82	铅	Pb	207.2				

附录 2　常用基准物质

名　　称	分 子 式	干燥后组成	干 燥 条 件	标 定 对 象
碳酸氢钠	$NaHCO_3$	Na_2CO_3	270～300 ℃	酸

续表

名　称	分子式	干燥后组成	干燥条件	标定对象
碳酸钠	Na_2CO_3	Na_2CO_3	270～300 ℃	酸
硼砂	$Na_2B_4O_7 \cdot 10H_2O$	$Na_2B_4O_7 \cdot 10H_2O$	放在含 NaCl 和蔗糖饱和溶液的干燥器中	酸
碳酸氢钾	$KHCO_3$	K_2CO_3	270～300 ℃	酸
草酸	$H_2C_2O_4 \cdot 2H_2O$	$H_2C_2O_4 \cdot 2H_2O$	室温空气干燥	碱或 $KMnO_4$
邻苯二甲酸氢钾	$KHC_8H_4O_4$	$KHC_8H_4O_4$	110～120 ℃	碱
重铬酸钾	$K_2Cr_2O_7$	$K_2Cr_2O_7$	140～150 ℃	还原剂
溴酸钾	$KBrO_3$	$KBrO_3$	130 ℃	还原剂
碘酸钾	KIO_3	KIO_3	130 ℃	还原剂
铜	Cu	Cu	室温干燥器中保存	还原剂
三氧化二砷	As_2O_3	As_2O_3	室温干燥器中保存	氧化剂
草酸钠	$Na_2C_2O_4$	$Na_2C_2O_4$	130 ℃	氧化剂
碳酸钙	$CaCO_3$	$CaCO_3$	110 ℃	EDTA
锌	Zn	Zn	室温干燥器中保存	EDTA
氧化锌	ZnO	ZnO	900～1000 ℃	EDTA
氯化钠	NaCl	NaCl	500～600 ℃	$AgNO_3$
氯化钾	KCl	KCl	500～600 ℃	$AgNO_3$
硝酸银	$AgNO_3$	$AgNO_3$	220～250 ℃	氯化物
氨基磺酸	$HOSO_2NH_2$	$HOSO_2NH_2$	在真空 H_2SO_4 干燥器中保存 48 h	碱

附录 3　几种常用的酸碱指示剂

指示剂	变色范围 pH	颜色		pH_{HIn}	浓度
		酸色	碱色		
百里酚酞（第一次变色）	1.2～2.8	红	黄	1.6	0.1%的 20%酒精溶液
甲基黄	2.9～4.0	红	黄	3.3	0.1%的 90%酒精溶液
甲基橙	3.1～4.4	红	黄	3.4	0.05%的水溶液
溴酚蓝	3.1～4.6	黄	紫	4.1	0.1%的 20%酒精溶液或其钠盐的水溶液
溴甲酚绿	3.8～5.4	黄	蓝	4.9	0.1%水溶液，每 100 mg 指示剂中加入 0.05 mol/L NaOH 2.9 mL

续表

指示剂	变色范围 pH	颜色		pH_{HIn}	浓度
		酸色	碱色		
甲基红	4.4～6.2	红	黄	5.2	0.1%的60%酒精溶液或其钠盐水溶液
溴百里酚蓝	6.0～7.6	黄	蓝	7.3	0.1%的20%酒精溶液或其钠盐水溶液
中性红	6.8～8.0	红	黄橙	7.4	0.1%的60%酒精溶液
酚红	6.7～8.4	黄	红	8.0	0.1%的60%酒精溶液或其钠盐水溶液
百里酚蓝（第二次变色）	8.0～9.6	黄	蓝	8.9	见第一次变色
百里酚酞	9.4～10.6	无	蓝	10.0	0.1%的90%酒精溶液

附录4　常用缓冲溶液的配制

缓冲溶液组成	pK_a	缓冲溶液pH值	缓冲溶液配制方法
氨基乙酸-HCl	2.35(pK_{a_1})	2.3	取氨基乙酸150 g溶于500 mL水中后，加浓HCL 80 mL，水稀释至1 L
H_3PO_4-柠檬酸盐		2.5	取 $Na_2HPO_4 \cdot 12H_2O$ 113 g溶于200 mL水后，加柠檬酸387 g，溶解，过滤后，稀释至1 L
一氯乙酸-NaOH	2.86	2.8	取200 g一氯乙酸溶于200 mL水中，加NaOH 40 g，溶解后，稀释至1 L
邻苯二甲酸氢钾-HCl	2.95(pK_{a_1})	2.9	取500 g邻苯二甲酸氢钾溶于500 mL水中，加浓HCl 80 mL，稀释至1 L
甲酸-NaOH	3.76	3.7	取95 g甲酸和NaOH 40 g于500 mL水中，溶解，稀至1 L
NaAc-HAc	4.74	4.7	取无水NaAc 83 g溶于水中，加冰HAc 60 mL，稀释至1 L
六亚甲基四胺-HCl	5.15	5.4	取六亚甲基四胺40 g溶于200 mL水中，加浓HCl 10 mL，稀释至1 L
Tris-HCl（三羟甲基氨甲烷）	8.21	8.2	取25 g Tris试剂溶于水中，加浓HCl 8 mL，稀释至1 L
NH_3-NH_4Cl	9.26	9.2	取 NH_4Cl 54 g溶于水中，加浓氨水63 mL，稀释至1 L

附录 5　常用酸碱溶液的浓度和密度

试剂名称	密度/(g/L)	物质的量浓度/(mol/L)	质量百分浓度/%
浓硫酸	1.84	18.0	98
稀硫酸	1.18	3.0	25
	1.06	2	9
浓盐酸	1.19	12.0	37
稀盐酸	1.10	6	20
	1.03	2	7
浓硝酸	1.41	16	68
稀硝酸	1.20	6	33
	1.07	2	12
浓磷酸	1.70	14.7	85
稀磷酸	1.05	1	9
冰醋酸	1.05	17.4	99
稀醋酸	1.04	5	30
浓氨水	0.91	14.8	28
稀氨水	0.98	2	4
氢溴酸	1.38	7	40
氢氟酸	1.14	27.4	40
氢碘酸	1.70	7.5	57
高氯酸	1.75	11.7～12.5	70.0～72.0
浓氢氧化钠	1.43	14	40
	1.33	13	30
稀氢氧化钠	1.09	2	8

附录 6　某些常用试剂溶液的配制

名　称	化学式	浓度或质量浓度(约数)	配制方法
盐酸	HCl	12 mol/L	(相对密度为 1.19 的盐酸)
		8 mol/L	取 12 mol/L HCl 666.7 mL,然后加水稀释成 1 L。
		6 mol/L	将 12 mol/L HCl 与等体积的蒸馏水混合。
		3 mol/L	取 12 mol/L HCl 250 mL,然后加水稀释成 1 L

续表

名　　称	化　学　式	浓度或质量浓度(约数)	配制方法
硫酸	H_2SO_4	18 mol/L 3 mol/L 1 mol/L	(相对密度为 1.84 的硫酸) 将 167 mL 的 18 mol/L H_2SO_4 慢慢加到 835 mL 的水中。 将 56 mL 的 18 mol/L H_2SO_4 慢慢加到 944 mL 的水中
硝酸	HNO_3	6 mol/L 6 mol/L 3 mol/L	(相对密度为 1.42 的硝酸) 取 16 mol/L HNO_3 375 mL,然后加水稀释成 1 L。 取 16 mol/L HNO_3 188 mL,然后加水稀释成 1 L
醋酸	HAc	17 mol/L 6 mol/L 3 mol/L	(相对密度为 1.05 的醋酸) 取 17 mol/L HAc 353 mL,然后加水稀释成 1 L。 取 17 mol/L HAc 177 mL,然后加水稀释成 1 L
酒石酸	$H_2C_4H_4O_6$	饱和	将酒石酸溶于水中,使之饱和
草酸	$H_2C_2O_4$	10 mol/L	称取 $H_2C_2O_4 \cdot 2H_2O$ 1 g 溶于少量水中,加水稀释至 100 mL
氢氧化钠	NaOH	6 mol/L	将 240 g NaOH 溶入水中,稀释至 1 L
氢氧化钾	KOH	6 mol/L	将 336 g KOH 溶于水中,稀释至 1 L
氢氧化钡	$Ba(OH)_2$	0.2 mol/L	63 g $Ba(OH)_2 \cdot 8H_2O$ 溶于 1 L 水中
氨水	NH_3	15 mol/L 6 mol/L	(密度为 0.9 的氨水) 取 15 mol/L 的氨水 400 mL,稀释至 1 L
碘化钾	KI	1 mol/L	将 83 g KI 溶于 1 L 水中
高锰酸钾	$KMnO_4$	0.3 g/L	将 0.3 g $KMnO_4$ 溶于 1 L 水中。以棕色瓶保存
碘酸钾	KIO_3	50 g/L	将 5 g KIO_3 溶于 100 mL 水中
醋酸钠	NaAc	3 mol/L 饱和	将 408 g $NaAc \cdot 3H_2O$ 溶于 1 L 水中。 将约 760 g 溶于 1 L 水中(20 ℃)
硝酸银	$AgNO_3$	1 mol/L 饱和	将 170 g $AgNO_3$ 溶于 1 L 水中(棕色瓶)。 20 ℃时,每 100 g 水溶解 222 g $AgNO_3$
碘溶液	I_2	0.005 mol/L	将 1.3 g 碘和 5 g KI 溶在尽可能少量的水中,待碘完全溶解后(充分摇动,可促其溶解),再加水稀释至 1 L

续表

名　　称	化　学　式	浓度或质量浓度(约数)	配 制 方 法
淀粉溶液	$(C_5H_{10}O_5)_n$	5 g/L	置易 1 g 溶性淀粉及 5 mg HgI_2(作防腐剂)于小烧杯中，加少许调成糊状，然后倾入 200 mL 沸水中，再煮沸数十分钟，此澄清溶液，可以勺藏不变
过氧化氢	H_2O_2	30 g/L	将 10 mL 30% H_2O_2 加水稀释至 100 mL
邻二氮杂菲	(结构式：邻二氮杂菲)	20 g/L	将 2 g 邻二氮杂菲盐酸溶于 100 mL 水中
EDTA	乙二胺四乙酸	100 g/L	将 10 g EDTA 溶于 100 mL 水中
氯化钡	$BaCl_2$	0.5 mol/L	将 61.1 g $BaCl_2 \cdot 2H_2O$ 溶于 1 L 水中
亚铁氰化钾	$K_4Fe(CN)_6$	0.25 mol/L	将 106 g $K_4Fe(CN)_6 \cdot 3H_2O$ 溶于 1 L 水中
铁氰化钾	$K_3Fe(CN)_6$	0.3 mol/L	将 110 g $K_3Fe(CN)_6$ 溶于 1 L 水中

附录 7　水溶液中某些离子的颜色

离　　子	颜　　色	离　　子	颜　　色	离　　子	颜　　色
无色离子		BrO_3^-	无色	$[Cr(H_2O)_6]^{2+}$	蓝色
Na^+	无色	I^-	无色	$[Cr(H_2O)_6]^{3+}$	紫色
K^+	无色	SCN^-	无色	$[Cr(H_2O)_5Cl]^{2+}$	浅绿色
NH_4^+	无色	$[CuCl_2]^-$	无色	$[Cr(H_2O)_4Cl_2]^+$	暗绿色
Mg^{2+}	无色	TiO_2^+	无色	$[Cr(NH_3)_2(H_2O)_4]^{3+}$	紫红色
Ca^{2+}	无色	SO_3^{2-}	无色	$[Cr(HN_3)_3(H_2O)_3]^{3+}$	浅红色
Sr^{2+}	无色	SO_4^{2-}	无色	$[Cr(HN_3)_4(H_2O)_2]^{3+}$	橙红色
Ba^{2+}	无色	S^{2-}	无色	$[Cr(HN_3)_5H_2O]^{2+}$	橙黄色
Al^{3+}	无色	$S_2O_3^{2-}$	无色	$[Cr(HN_3)_6]^{3+}$	黄色
Sn^{2+}	无色	F^-	无色	CrO_2^-	绿色
Sn^{4+}	无色	Cl^-	无色	CrO_4^{2-}	黄色
Pb^{2+}	无色	ClO_3^-	无色	$Cr_2O_7^{2-}$	橙色
Bi^{3+}	无色	Br^-	无色	$[Mn(H_2O)_6]^{2+}$	肉色
Ag^+	无色	VO_3^-	无色	MnO_4^{2-}	绿色
Zn^{2+}	无色	VO_4^{3-}	无色	MnO_4^-	紫红色
Cd^{2+}	无色	MoO_4^{2-}	无色	$[Fe(H_2O)_6]^{2+}$	浅绿色
Hg_2^{2+}	无色	WO_4^{2-}	无色	$[Fe(H_2O)_6]^{3+}$	浅紫色

续表

离　子	颜　色	离　子	颜　色	离　子	颜　色
Hg^{2+}	无色	有色离子		$[Fe(CN)_6]^{4-}$	黄色
$B(OH)_4^-$	无色	$[Cu(H_2O)_4]^{2-}$	浅蓝色	$[Fe(CN)_6]^{3-}$	浅橘黄色
$B_4O_7^{2-}$	无色	$[CuCl_4]^{2-}$	黄色	$[Fe(NCS)_n]^{3-n}$	血红色
$C_2O_4^{2-}$	无色	$[Cu(NH_3)_4]^{2+}$	深蓝色	$[Co(H_2O)_6]^{2+}$	粉红色
Ac^-	无色	$[Ti(H_2O)_6]^{3+}$	紫色	$[Co(NH_3)_6]^{3+}$	黄色
CO_3^{2-}	无色	$[TiCl(H_2O)_5]^{2+}$	绿色	$[CoCl(NH_3)_5]^{2+}$	红紫色
SiO_3^{2-}	无色	$[TiO(H_2O_2)]^{2+}$	橘黄色	$[Co(NH_3)_5H_2O]^{2+}$	橙红色
NO_3^-	无色	$[V(H_2O)_6]^{2+}$	紫色	$[Co(NH_3)_4CO_3]^+$	紫红色
PO_4^{3-}	无色	$[V(H_2O)_6]^{3+}$	绿色	$[Co(CN)_6]^{3-}$	紫色
AsO_3^{3-}	无色	VO^{2+}	蓝色	$[Co(SCN)_4]^{2-}$	蓝色
AsO_4^{3-}	无色	VO_2^+	浅黄色	$[Ni(H_2O)_6]^{2+}$	亮绿色
$[SbCl_6]^{3-}$	无色	$[VO_2(O_2)_2]^{3-}$	黄色	$[Ni(NH_3)_6]^{2+}$	蓝色
$[SbCl_6]^-$	无色	$[V(O)_2]^{3+}$	深红色	I_3^-	浅棕黄色

附录 8　部分化合物的颜色

化　合　物	颜色	化　合　物	颜色	化　合　物	颜色
氧化物		FeO	黑色	$Cd(OH)_2$	白色
CuO	黑色	Fe_2O_3	砖红色	$Al(OH)_3$	白色
Cu_2O	暗红色	Fe_3O_4	黑色	$Bi(OH)_3$	白色
Ag_2O	暗棕色	CoO	灰绿色	$Sb(OH)_3$	白色
ZnO	白色	Co_2O_3	黑色	$Cu(OH)_2$	浅蓝色
CdO	棕红色	NiO	暗黑色	CuOH	黄色
Hg_2O	黑褐色	Ni_2O_3	黑色	$Ni(OH)_2$	浅绿色
HgO	红色或黄色	PbO	黄色	$Ni(OH)_3$	黑色
TiO_2	白色	Pb_3O_4	红色	$Co(OH)_2$	粉红色
VO	亮灰色	氢氧化物		$Co(OH)_3$	褐棕色
V_2O_3	黑色	$Zn(OH)_2$	白色	$Cr(OH)_3$	灰绿色
VO_2	深蓝色	$Pb(OH)_2$	白色	氯化物	
V_2O_5	红棕色	$Mg(OH)_2$	白色	AgCl	白色
Cr_2O_3	绿色	$Sn(OH)_2$	白色	Hg_2Cl_2	白色
CrO_3	红色	$Sn(OH)_4$	白色	$PbCl_2$	白色
MnO_2	棕褐色	$Mn(OH)_2$	白色	CuCl	白色
MoO_2	浅灰色	$Fe(OH)_2$	白色或绿色	$CuCl_2$	棕色
WO_2	棕红色	$Fe(OH)_3$	红棕色	$CuCl_2 \cdot 2H_2O$	蓝色

续表

化合物	颜色	化合物	颜色	化合物	颜色
$Hg(NH_2)Cl$	白色	CoS	黑色	$BiOHCO_3$	白色
$CoCl_2$	蓝色	NiS	黑色	$Hg_2(OH)_2CO_3$	红褐色
$CoCl_2 \cdot H_2O$	蓝紫色	Bi_2S_3	黑褐色	$Co_2(OH)_2CO_3$	红色
$CoCl_2 \cdot 2H_2O$	紫红色	SnS	褐色	$Cu_2(OH)_2CO_3$	暗绿色
$CoCl_2 \cdot 6H_2O$	粉红色	SnS_2	金黄色	$Ni_2(OH)_2CO_3$	浅绿色
$FeCl_3 \cdot 6H_2O$	黄棕色	CdS	黄色	磷酸盐	
$TiCl_3 \cdot 6H_2O$	紫色或绿色	Sb_2S_3	橙色	Ca_3PO_4	白色
$TiCl_3$	黑色	Sb_2S_5	橙红色	$CaHPO_4$	白色
溴化物		MnS	肉色	$Ba_3(PO_4)_3$	白色
$AgBr$	浅黄色	ZnS	白色	$FePO_4$	浅黄色
$AsBr$	浅黄色	As_2S_3	黄色	Ag_3PO_4	黄色
$CuBr_2$	黑紫色	硫酸盐		NH_4MgPO_4	白色
碘化物		Ag_2SO_4	白色	铬酸盐	
AgI	黄色	Hg_2SO_4	白色	Ag_2CrO_4	砖红色
Hg_2I_2	黄绿色	$PbSO_4$	白色	$PbCrO_4$	黄色
HgI_2	红色	$CaSO_4 \cdot 2H_2O$	白色	$BaCrO_4$	黄色
PbI_2	黄色	$SrSO_4$	白色	$FeCrO_4 \cdot 5H_2O$	黄色
CuI	白色	$BaSO_4$	白色	类卤化合物	
SbI_3	红黄色	$[Fe(NO)]SO_4$	深棕色	$AgCN$	白色
BiI_3	绿黑色	$Cu_2(OH)_2SO_4$	浅蓝色	$Ni(CN)_2$	浅绿色
TiI_4	暗棕色	$CuSO_4 \cdot 2H_2O$	蓝色	$Cu(CN)_2$	浅棕黄色
卤酸盐		$CoSO_4 \cdot 7H_2O$	红色	$CuCN$	白色
$Ba(IO_3)_2$	白色	$Cr_2(SO_4)_3 \cdot 6H_2O$	绿色	$AgSCN$	白色
$AgIO_3$	白色	$Cr_2(SO_4)_3$	紫色或红色	$Cu(SCN)_2$	黑绿色
$KClO_4$	白色	$Cr_2(SO_4)_3 \cdot 18H_2O$	蓝紫色	卤酸盐	
$AgBrO_3$	白色	$KCr(SO_4)_3 \cdot 12H_2O$	紫色	$Ba(IO_3)_2$	白色
硫化物		碳酸盐		$AgIO_3$	白色
Ag_2S	灰黑色	Ag_2CO_3	白色	$KClO_4$	白色
HgS	红色或黑色	$CaCO_3$	白色	$AgBrO_3$	白色
PbS	黑色	$SrCO_3$	白色	硅酸盐	
CuS	黑色	$BaCO_3$	白色	$BaSiO_3$	白色
Cu_2S	黑色	$MnCO_3$	白色	$CuSiO_3$	蓝色
FeS	棕黑色	$CdCO_3$	白色	$CoSiO_3$	紫色
Fe_2S_3	黑色	$Zn_2(OH)_2CO_3$	白色	$Fe_2(SiO_3)_3$	棕红色

续表

化　合　物	颜色	化　合　物	颜色	化　合　物	颜色
$MnSiO_3$	肉色	其他含氧酸盐		$Co_2[Fe(CN)_6]$	绿色
$NiSiO_3$	翠绿色	NH_4MgAsO_4	白色	$Ag_4[Fe(CN)_6]$	白色
$ZnSiO_3$	白色	Ag_2AsO_4	红褐色	$Zn_2[Fe(CN)_6]$	白色
草酸盐		$Ag_2S_2O_3$	白色	$K_3[Co(NO_2)_6]$	黄色
CaC_2O_4	白色	$BaSO_3$	白色	$K_2Na[Co(NO_2)_6]$	黄色
$Ag_2C_2O_4$	白色	$SrSO_3$	白色	$(NH_4)_2Na[Co(NO_2)_6]$	黄色
$FeC_2O_4 \cdot 2H_2O$	黄色	其他化合物		$K_2[PtCl_6]$	黄色
卤酸盐		$Fe[Fe(CN)_6]_3 \cdot$	黄色	$KHC_4H_4O_6$	白色
$Ba(IO_3)_2$	白色	$2H_2O$		$Na_2[Fe(CN)_5NO] \cdot 2H_2O$	红色
$AgIO_3$	白色	$Cu_2[Fe(CN)_6]$	红褐色	$NaAc \cdot Zn(Ac)_2 \cdot$	黄色
$KClO_4$	白色	$Ag_3[Fe(CN)_6]$	橙色	$3[UO_2(AC)_2] \cdot 9H_2O$	
$AgBrO_3$	白色	$Zn_3[Fe(CN)_6]_2$	黄褐色	$(NH_4)_2MoS_4$	血红色

附录 9　常见难溶化合物的溶度积常数

化　合　物	溶度积/(*t*/℃)	化　合　物	溶度积/(*t*/℃)
铝		氟化钙	$3.45\times10^{-11}(25)$
* 铝酸 H_3AlO_3	$4\times10^{-13}(15)$	碘酸钙 $Ca(IO_3)_2 \cdot 6H_2O$	$7.10\times10^{-7}(25)$
	$1.1\times10^{-15}(18)$	碘酸钙	$6.47\times10^{-6}(25)$
	$3.7\times10^{-15}(25)$	草酸钙	$2.32\times10^{-9}(25)$
氢氧化铝	$1.9\times10^{-33}(18\sim20)$	* 草酸钙 $CaC_2O_4 \cdot H_2O$	$2.57\times10^{-9}(25)$
钡		硫酸钙	$4.93\times10^{-5}(25)$
碳酸钡	$2.58\times10^{-9}(25)$	钴	
铬酸钡	$1.17\times10^{-10}(25)$	* 硫化钴(Ⅱ)α-CoS	$4.0\times10^{-21}(18\sim25)$
氟化钡	$1.84\times10^{-7}(25)$	* β-CoS	$2.0\times10^{-25}(18\sim25)$
碘酸钡 $Ba(IO_3)_2 \cdot 2H_2O$	$1.67\times10^{-9}(25)$	铜	
碘酸钡	$4.01\times10^{-9}(25)$	一水合碘酸铜	$6.94\times10^{-8}(25)$
* 草酸钡 $BaC_2O_4 \cdot 2H_2O$	$1.2\times10^{-7}(18)$	草酸铜	$4.43\times10^{-10}(25)$
* 硫酸钡	$1.08\times10^{-10}(25)$	* 硫化铜	$8.5\times10^{-45}(18)$
镉		溴化亚铜	$6.27\times10^{-9}(25)$
草酸镉 $CdC_2O_4 \cdot 3H_2O$	$1.42\times10^{-8}(25)$	氯化亚铜	$1.72\times10^{-7}(25)$
氢氧化镉	$7.2\times10^{-15}(25)$	碘化亚铜	$1.27\times10^{-12}(25)$
* 硫化镉	$3.6\times10^{-29}(25)$	* 硫化亚铜	$2\times10^{-47}(16\sim18)$
钙		硫氰酸亚铜	$1.77\times10^{-13}(25)$
碳酸钙	$3.36\times10^{-9}(25)$	* 亚铁氰化铜	$1.3\times10^{-16}(18\sim25)$

续表

化合物	溶度积/(t/℃)	化合物	溶度积/(t/℃)
一水合草酸铜	6.94×10^{-8}(25)	碘化亚汞	5.2×10^{-29}(25)
草酸铜	4.43×10^{-10}(25)	溴化亚汞	6.4×10^{-23}(25)
铁		镍	
氢氧化铁	2.79×10^{-39}(25)	*硫化镍(Ⅱ)α-NiS	3.2×10^{-19}(18～25)
氢氧化亚铁	4.87×10^{-17}(25)	*β-NiS	1.0×10^{-24}(18～25)
草酸亚铁	2.1×10^{-12}(25)	*γ-NiS	2.0×10^{-26}(18～25)
*硫化亚铁	3.7×10^{-19}(18)	银	
铅		溴化银	5.35×10^{-13}(25)
碳酸铅	7.4×10^{-14}(25)	碳酸银	8.46×10^{-12}(25)
*铬酸铅	1.77×10^{-14}(18)	氯化银	1.77×10^{-10}(25)
氯化铅	1.17×10^{-5}(25)	铬酸银	1.12×10^{-12}(25)
碘酸铅	3.69×10^{-13}(25)	*铬酸银	1.2×10^{-12}(14.8)
碘化铅	9.8×10^{-9}(25)	重铬酸银	2×10^{-7}(25)
*草酸铅	2.74×10^{-11}(18)	氢氧化银	1.52×10^{-8}(20)
硫酸铅	2.53×10^{-8}(25)	碘酸银	3.17×10^{-8}(25)
*硫化铅	3.4×10^{-28}(25)	*碘化银	0.32×10^{-16}(13)
锂		碘化银	8.52×10^{-17}(25)
碳酸锂	8.15×10^{-4}(25)	*硫化银	1.6×10^{-49}(18)
镁		溴酸银	5.38×10^{-5}(25)
*磷酸镁铵	2.5×10^{-13}(25)	*硫氰酸银	0.49×10^{-12}(18)
碳酸镁	6.82×10^{-6}(25)	硫氰酸银	1.03×10^{-12}(25)
氟化镁	5.16×10^{-11}(25)	锶	
氢氧化镁	5.61×10^{-12}(25)	碳酸锶	5.60×10^{-10}(25)
二水合草酸镁	4.83×10^{-6}(25)	氟化锶	4.33×10^{-9}(25)
锰		*草酸锶	5.61×10^{-8}(18)
*氢氧化锰	4×10^{-14}(18)	*硫酸锶	3.44×10^{-7}(25)
*硫化锰	1.4×10^{-15}(18)	*铬酸锶	2.2×10^{-5}(18～25)
汞		锌	
*氢氧化汞	3.0×10^{-26}(18～25)	氢氧化锌	3×10^{-17}(25)
*硫化汞(红)	4.0×10^{-53}(18～25)	草酸锌 $ZnC_2O_4\cdot6H_2O$	1.38×10^{-9}(25)
*硫化汞(黑)	1.6×10^{-52}(18～25)	*硫化锌	1.2×10^{-23}(18)
氯化亚汞	1.43×10^{-18}(25)		

附录 10　弱酸弱碱常数

名　称	分子式	t/℃	K	pK
砷酸	H_3AsO_4	25	$5.5\times10^{-2}(K_{a1})$	2.26
			$1.7\times10^{-7}(K_{a2})$	6.76
			$5.1\times10^{-12}(K_{a3})$	11.29
亚砷酸	H_3AsO_3	25	$5.1\times10^{-10}(K_a)$	9.29
硼酸	H_3BO_3	20	$5.4\times10^{-10}(K_a)$	9.27
碳酸	$H_2CO_3(CO_2+H_2O)$	25	$4.5\times10^{-7}(K_{a1})$	6.35
			$4.7\times10^{-11}(K_{a2})$	10.33
氢氰酸	HCN	25	$6.2\times10^{-10}(K_a)$	9.21
铬酸	H_2CrO_4	25	$1.8\times10^{-1}(K_{a1})$	0.74
			$3.2\times10^{-7}(K_{a2})$	6.49
氢氟酸	HF	25	$6.3\times10^{-4}(K_a)$	3.20
氢硫酸	H_2S	25	$8.9\times10^{-8}(K_{a1})$	7.05
		25	$1\times10^{-19}(K_{a2})$	19
亚硝酸	HNO_2	25	$5.6\times10^{-4}(K_a)$	3.25
过氧化氢	H_2O_2	25	$2.4\times10^{-12}(K_a)$	11.62
磷酸	H_3PO_4	25	$6.9\times10^{-3}(K_{a1})$	2.16
			$6.23\times10^{-8}(K_{a2})$	7.21
			$4.8\times10^{-13}(K_{a3})$	12.32
焦磷酸	$H_4P_2O_7$	25	$1.2\times10^{-1}(K_{a1})$	0.91
			$7.9\times10^{-3}(K_{a2})$	2.10
			$2.0\times10^{-7}(K_{a3})$	6.70
			$4.8\times10^{-10}(K_{a4})$	9.32
亚磷酸	H_3PO_3	20	$5.0\times10^{-2}(K_{a1})$	1.30
			$2.0\times10^{-7}(K_{a2})$	6.70
硫酸	H_2SO_4	25	$1.0\times10^{-2}(K_{a2})$	1.99
亚硫酸	$H_2SO_3(SO_2+H_2O)$	25	$1.4\times10^{-2}(K_{a1})$	1.85
			$6.0\times10^{-8}(K_{a2})$	7.20
硅酸	H_2SiO_3	30	$1.0\times10^{-10}(K_{a1})$	9.9
			$2.0\times10^{-12}(K_{a2})$	11.8
甲酸	HCOOH	20	$1.77\times10^{-4}(K_a)$	3.75
乙酸	CH_3COOH	25	$1.76\times10^{-5}(K_a)$	4.75
草酸	$H_2C_2O_4$	25	$5.90\times10^{-2}(K_{a1})$	1.23
			$6.40\times10^{-5}(K_{a2})$	4.19

续表

名　　称	分　子　式	t/℃	K	pK
氨水	$NH_3 \cdot H_2O$	25	$1.79\times10^{-5}(K_b)$	4.75
联氨	H_2NNH_2	20	$1.2\times10^{-6}(K_b)$	5.9
羟胺	NH_2OH	25	$8.71\times10^{-9}(K_b)$	8.06

附录 11　标准电极电势表

在酸性溶液中

电 极 反 应	φ_A^θ/V	电 极 反 应	φ_A^θ/V
$Li^+ + e^- \rightleftharpoons Li$	−3.045	$S_4O_6^{2-} + 2e^- \rightleftharpoons 2S_2O_3^{2-}$	0.08
$K^+ + e^- \rightleftharpoons K$	−2.925	$S + 2H^+ + 2e^- \rightleftharpoons H_2S$	0.144
$Na^+ + e^- \rightleftharpoons Na$	−2.714	$Sn^{4+} + 2e^- \rightleftharpoons Sn^{2+}$	0.15
$Mg^{2+} + e^- \rightleftharpoons Mg$	−2.356	$SO_4^{2-} + 4H^+ + 2e^- \rightleftharpoons H_2SO_3 + H_2O$	0.158
$H_2 + 2e^- \rightleftharpoons 2H^-$	−2.25	$Cu^{2+} + e^- \rightleftharpoons Cu^+$	0.159
$Be^{2+} + 2e^- \rightleftharpoons Be$	−1.97	$AgCl + e^- \rightleftharpoons Ag + Cl^-$	0.222
$Zr^{4+} + 4e^- \rightleftharpoons Zr$	−1.70	$Cu^{2+} + 2e^- \rightleftharpoons Cu$	0.340
$Al^{3+} + 3e^- \rightleftharpoons Al$	−1.67	$Fe(CN)_6^{3-} + e^- \rightleftharpoons Fe(CN)_6^{4-}$	0.361
$Ti^{3+} + 3e^- \rightleftharpoons Ti$	−1.21	$2H_2SO_3 + 2H^+ + 4e^- \rightleftharpoons S_2O_3^{2-} + 3H_2O$	0.400
$Mn^{2+} + 2e^- \rightleftharpoons Mn$	−1.18	$H_2SO_3 + 4H^+ + 4e^- \rightleftharpoons S + 3H_2O$	0.500
$Zn^{2+} + 2e^- \rightleftharpoons Zn$	−0.763	$4H_2SO_3 + 4H^+ + 6e^- \rightleftharpoons S_4O_6^{2-} + 6H_2O$	0.507
$Fe^{2+} + 2e^- \rightleftharpoons Fe$	−0.44	$Cu^+ + 2e^- \rightleftharpoons Cu$	0.520
$Cr^{3+} + e^- \rightleftharpoons Cr^{2+}$	−0.424	$I_2 + 2e^- \rightleftharpoons 2I^-$	0.5355
$Cd^{2+} + 2e^- \rightleftharpoons Cd$	−0.403	$I_3^- + 2e^- \rightleftharpoons 3I^-$	0.536
$PbSO_4 + 2e^- \rightleftharpoons Pb + SO_4^{2-}$	−0.351	$MnO_4^- + e^- \rightleftharpoons MnO_4^{2-}$	0.56
$Co^{2+} + 2e^- \rightleftharpoons Co$	−0.277	$S_2O_6^{2-} + 4H^+ + 2e^- \rightleftharpoons 2H_2SO_3$	0.569
$H_3PO_4 + 2H^+ + 2e^- \rightleftharpoons H_3PO_3 + H_2O$	−0.276	$O_2 + 2H^+ + 2e^- \rightleftharpoons H_2O_2$	0.695
$Ni^{2+} + 2e^- \rightleftharpoons Ni$	−0.257	$Rh^{3+} + 3e^- \rightleftharpoons Rh$	0.76
$2SO_4^{2-} + 4H^+ + 2e^- \rightleftharpoons S_2O_6^{2-} + 2H_2O$	−0.253	$(NCS)_2 + 2e^- \rightleftharpoons 2NCS^-$	0.77
$N_2 + 5H^+ + 4e^- \rightleftharpoons N_2H_5^+$	−0.23	$Fe^{3+} + e^- \rightleftharpoons Fe^{2+}$	0.771
$CO_2 + 2H^+ + 2e^- \rightleftharpoons HCOOH + H_2O$	−0.16	$Hg_2^{2+} + 2e^- \rightleftharpoons 2Hg$	0.796
$AgI + e^- \rightleftharpoons Ag + I^-$	−0.152	$Ag^+ + e^- \rightleftharpoons Ag$	0.799
$Sn^{2+} + 2e^- \rightleftharpoons Sn$	−0.136	$2NO_3^- + 4H^+ + 2e^- \rightleftharpoons N_2O_4 + 2H_2O$	0.803
$Pb^{2+} + 2e^- \rightleftharpoons Pb$	−0.125	$Hg^{2+} + 2e^- \rightleftharpoons Hg$	0.911
$2H^+ + 2e^- \rightleftharpoons H_2$	0.000	$NO_3^- + 3H^+ + 2e^- \rightleftharpoons HNO_2 + H_2O$	0.94
$AgBr + e^- \rightleftharpoons Ag + Br^-$	0.071	$NO_3^- + 4H^+ + 3e^- \rightleftharpoons NO + H_2O$	0.957

续表

电 极 反 应	φ_A^θ/V	电 极 反 应	φ_A^θ/V
$N_2O_4+4H^++4e^- \rightleftharpoons 2NO+2H_2O$	1.039	$2HBrO+2H^++2e^- \rightleftharpoons Br_2+2H_2O$	1.604
$Br_2+2e^- \rightleftharpoons 2Br^-$	1.065	$2HClO+2H^++2e^- \rightleftharpoons Cl_2+2H_2O$	1.630
$N_2O_4+2H^++2e^- \rightleftharpoons 2HNO_2$	1.07	$PbO_2+SO_4{}^{2-}+4H^++2e^- \rightleftharpoons$	1.698
$H_2O_2+2H^++2e^- \rightleftharpoons 2H_2O$	1.14	$PbSO_4+2H_2O$	
$ClO_4^-+2H^++2e^- \rightleftharpoons ClO_3^-+H_2O$	1.201	$MnO_4^-+4H^++3e^- \rightleftharpoons MnO_2+2H_2O$	1.70
$O_2+4H^++4e^- \rightleftharpoons 2H_2O$	1.229	$H_2O_2+2H^++2e^- \rightleftharpoons 2H_2O$	1.763
$MnO_2+4H^++2e^- \rightleftharpoons Mn^{2+}+2H_2O$	1.23	$Au^++e^- \rightleftharpoons Au$	1.83
$Cl_2+2e^- \rightleftharpoons 2Cl^-$	1.358	$Co^{3+}+e^- \rightleftharpoons Co^{2+}$	1.92
$Cr_2O_7^{2-}+14H^++6e^- \rightleftharpoons 2Cr^{3+}+7H_2O$	1.36	$S_2O_8^{2-}+2e^- \rightleftharpoons 2SO_4{}^{2-}$	1.96
$PbO_2+4H^++2e^- \rightleftharpoons Pb^{2+}+2H_2O$	1.468	$O_3+2H^++2e^- \rightleftharpoons O_2+2H_2O$	2.075
$2BrO_3^-+12H^++10e^- \rightleftharpoons Br_2+6H_2O$	1.478	$F_2+2H^++2e^- \rightleftharpoons 2HF$	3.053
$Au^{3+}+3e^- \rightleftharpoons Au$	1.52		

在碱性溶液中

电极反应	φ_B^θ/V	电极反应	φ_B^θ/V
$Ca(OH)_2+2e^- \rightleftharpoons Ca+2OH^-$	−3.026	$O_2+e^- \rightleftharpoons O_2^-$	−0.33
$Mg(OH)_2+2e^- \rightleftharpoons Mg+2OH^-$	−2.687	$CuO+H_2O+2e^- \rightleftharpoons Cu+2OH^-$	−0.29
$Al(OH)_4^-+3e^- \rightleftharpoons Al+4OH^-$	−2.310	$O_2+H_2O+2e^- \rightleftharpoons HO_2^-+OH^-$	−0.065
$Mn(OH)_2+2e^- \rightleftharpoons Mn+2OH^-$	−1.56	$MnO_2+2H_2O+2e^- \rightleftharpoons$	−0.05
$Zn(OH)_4^{2-}+2e^- \rightleftharpoons Zn+4OH^-$	−1.285	$Mn(OH)_2+2OH^-$	
$Zn(NH_3)_4^{2+}+2e^- \rightleftharpoons Zn+4NH_3(aq)$	−1.04	$NO_3^-+H_2O+2e^- \rightleftharpoons NO_2^-+2OH^-$	0.01
$MnO_2+2H_2O+4e^- \rightleftharpoons Mn+4OH^-$	−0.980	$[Co(NH_3)_6]^{3+}+e^- \rightleftharpoons [Co(NH_3)_6]^{2+}$	0.058
$SO_4{}^{2-}+H_2O+2e^- \rightleftharpoons SO_3{}^{2-}+2OH^-$	−0.94	$HgO+H_2O+2e^- \rightleftharpoons Hg+2OH^-$	0.098
$2H_2O+2e^- \rightleftharpoons H_2+2OH^-$	−0.828	$Co(OH)_3+e^- \rightleftharpoons Co(OH)_2+OH^-$	0.17
$HFeO_2{}^-+H_2O+2e^- \rightleftharpoons Fe+3OH^-$	−0.8	$O_2^-+H_2O+e^- \rightleftharpoons HO_2^-+OH^-$	0.20
$Co(OH)_2+2e^- \rightleftharpoons Co+2OH^-$	−0.733	$ClO_3{}^-+H_2O+2e^- \rightleftharpoons ClO_2^-+2OH^-$	0.295
$CrO_4^{2-}+4H_2O+3e^- \rightleftharpoons$	−0.72	$Ag_2O+H_2O+2e^- \rightleftharpoons 2Ag+2OH^-$	0.342
$Cr(OH)_4^-+4OH^-$		$Ag(NH_3)_2^++e^- \rightleftharpoons Ag+2NH_3$	0.373
$Ni(OH)_2+2e^- \rightleftharpoons Ni+2OH^-$	−0.72	$ClO_4{}^-+H_2O+2e^- \rightleftharpoons ClO_3^-+2OH^-$	[illegible]374
$FeO_2{}^-+H_2O+2e^- \rightleftharpoons HFeO_2{}^-+OH^-$	−0.69	$O_2+2H_2O+4e^- \rightleftharpoons 4OH^-$	[illegible]
$2SO_3{}^{2-}+3H_2O+4e^- \rightleftharpoons$	−0.58	$BrO_3{}^-+3H_2O+6e^- \rightleftharpoons Br^-$ [illegible]	[illegible]
$S_2O_3{}^{2-}+6OH^-$		$MnO_4^{2-}+2H_2O+2$ [illegible]	[illegible]
$Ni(NH_3)_4{}^{2+}+2e^- \rightleftharpoons Ni+6NH_3$	−0.476	MnO_2+4 [illegible]	[illegible]
$S+2e^- \rightleftharpoons S^{2-}$	−0.45	$ClO_2{}^-+H_2O+2$ [illegible]	[illegible]

续表

电极反应	φ_B^θ/V	电极反应	φ_B^θ/V
$BrO^- + H_2O + 2e^- \rightleftharpoons Br^- + 2OH^-$	0.766	$O_3 + H_2O + 2e^- \rightleftharpoons O_2 + 2OH^-$	1.246
$HO_2^- + H_2O + 2e^- \rightleftharpoons 3OH^-$	0.867	$HO + e^- \rightleftharpoons OH^-$	1.985
$ClO^- + H_2O + 2e^- \rightleftharpoons Cl^- + 2OH^-$	0.89		

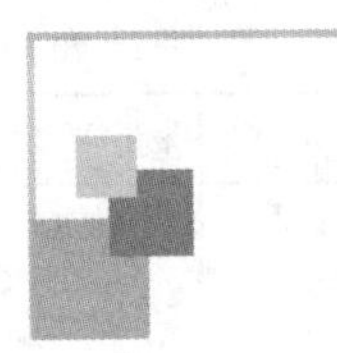

参考文献

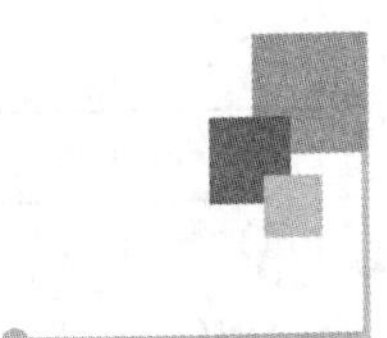

[1] 李铭岫. 无机化学实验[M]. 北京：北京理工大学出版社，2006.

[2] 秦中立，黄芳一. 无机及分析化学实验[M]. 武汉：华中师范大学出版社，2006.

[3] 刘洪范. 化学实验基础[M]. 济南：山东科学技术出版社，1981.

[4] 钱庭宝，刘维琳. 离子交换树脂应用手册[M]. 天津：南开大学出版社，1989.

[5] 武汉大学. 分析化学实验[M]. 北京：高等教育出版社，2001.

[6] 武汉大学化学与分子科学学院实验中心. 无机化学实验[M]. 武汉：武汉大学出版社，2002.

[7] 北京师范大学无机化学教研室. 无机化学实验[M]. 北京：高等教育出版社，2001.

[8] 张利明. 无机化学实验[M]. 北京：人民卫生出版社，2003.

[9] 关鲁雄. 化学基本操作与物质制备实验[M]. 长沙：中南大学出版社，2002.

[10] 南京大学《无机及分析化学实验》编写组. 无机及分析化学实验[M]. 北京：高等教育出版社，1998.

[11] 侯振雨. 无机及分析化学实验[M]. 北京：化学工业出版社，2004.

[12] 郑春生，杨南. 无机及分析化学实验[M]. 天津：南开大学出版社，2004.

[13] 崔学桂，张晓丽. 基础化学实验：无机及分析部分[M]. 济南：山东大学出版社，2000.

[14] 沈君朴. 实验无机化学[M]. 天津：天津大学出版社，1992.